哪有工作不委屈，不工作你會更委屈

那些打不垮我們的，只會讓我們更堅強

yes123求職網資深副總經理
洪雪珍——著

自序

委屈，是用來強大自己的

面對了，是心的強大；
放下了，是心的豁達；
自在了，是心的家園。

有一次《國語日報》來邀我寫長期專欄，給青少年談生涯時，我的心情比寫其他專欄都還興奮，終於等到了這個好機會！

因為我在人力銀行工作，每一年都要做畢業生調查，但每一年結果都差不多。四名大學畢業生中，有三名不知道自己要做什麼，半數認為自己念錯科系，浪費四年。真是讓人痛心的數據！所以我一直在想，如果可以在他們青少年階段，還在自我探索時，和他們談一談生涯，也許可以發揮改變的力量。

不該跟孩子說「真實的世界」？

可是，我的熱血馬上被冷水當頭淋下，稿子一連被退五篇，這種事從未發生在我身上。我已經把文句修到最淺顯易懂，舉的例子也來自青少年的日常生活，一時之間不知道哪裡出了錯，也不知道從何改起。

我的同事之中，有一位在小學教過書，便過來幫我看稿子，他馬上就抓到問題點。他說，在學校裡，老師的責任是教孩子知道「應然」，而不是「實然」，可是——

「你的文章恰恰倒過來，寫的是『實然』，而不是『應然』。」

換句話說，從教育的角度來看，我的內容屬於政治不正確，而國語日報是一份懷抱教育使命的報紙，當然要退稿。

什麼是「應然」？

就是美好的世界。像是努力就應該成功、善就應該有善報、惡就應該有惡報、有志者就應該事竟成，人生一切都是有公平、有正義、有秩序，一切都可以預期，最後順理成章一定會出現真善美結局，給人希望，充滿勵志，傳達正確的信念。

進入職場之後，充滿困惑……

相反地，我寫的「實然」，是一個真實的世界，不合孩子的預期，他們會困惑：怎麼會有人認真工作，卻沒有成功；或是為人溫和友善，卻受到同事的排擠杯葛；或是對公司忠誠，卻被資遣裁員；或是對老闆畢恭畢敬，卻不見得受到重用……。

「你寫的未來職場事實，遠遠超過孩子的邏輯，他們難以理解，找不到其中的因果關係。」

是的，這就是問題所在！

從小，學校教育告訴你，世界是美好的、人性是本善的、努力就會成功、失敗後是可以爬起來的……直到長大成人，步入社會，到了職場之後，真實世界卻是經常讓人感到委屈，因為在努力付出之後，結局並不如期待！小時候的教育，教你充滿「希望」；長大之後的人生或職場，似乎是要教人「失望」。

其實，你是可以不必委屈的。而且你所經歷的委屈，正是多數人每天都在經歷的一切，你並不孤單，不是這世界上唯一受委屈的那個人。

這是我寫本書的目的。

首先，請認清人生的真相

我想在書裡告訴大家，**在人生這條道路上，與其懷抱「樂觀」，不如嚮往「達觀」**。因為真實世界不是小時候老師教的那一套，及早認清以下三個人生真相，就不會失望，反而充滿希望，找到內心的平靜，以及真正的滿足。

1. **人生只有缺憾，沒有完美**

缺憾，才是人生的本質。之所以覺得別人的人生完美無缺，充滿羨慕，那是因為彼此還不熟到可以看見對方隱藏起來的缺憾。

2. **人生只有不同，沒有相同**

不同，才是人生的真相。人生不是一個模子，沒有兩個人的人生是相同的，條件不同，際遇不同，抉擇不同，結果就不同，無從比較。

3. **人生只有體驗，沒有好壞**

體驗，才是人生的目的。長長數十年，去探索不可知的未來，其中會碰到困難，也會解決困難，一切都是學習，也都是成就。

其次，請確定人生態度

認清人生真相之後，請展現出正確的人生態度，不畏艱難，勇往直前，在過程中享受學習與快樂，這就是達觀。而在職場中，我有以下四個建議，幫助你在面對低潮與挫敗時，還能保持豁達的心境：

1. 對工作要有企圖心，但是不要當作人生的全部

通常全公司怨念最深的那個人，都是工作最認真的，以公司為家，把老闆當家人，每天加班，沒有休閒，沒有生活，沒有愛情，一旦工作「背叛」他，比如升遷加薪沒有他的份，人生就此崩塌不起。所以生活要另有重心，失望會少一些，快樂會多一些。

2. 對工作要認真努力，但是不要視成功為必然

謀事在人，成事在天，努力是一回事，成功是另一回事，中間不必然是等號，因為變數太多，並非全部操控在自己的手上，有時期望難免落空。可是只要長時間一步一腳印，最終還是會走到接近成功的終點。努力不一定會成功，但是不努力一定是失敗，所以努力仍是追求成功的必要條件。

3. 沒有一種工作是不委屈的，不安是工作的一部分

工作若是還有進步的空間，一定存在著壓力，否則生涯就會出現風險。

當然，壓力的大小最好是可以承受的範圍，可是沒有人知道什麼是剛剛好的壓力，所以要學會紓壓，而不是去抱怨。

4. 沒有人必須對你好，人際關係的緊張是常態

每個人都是在打一場生存戰，都會站在自己的立場，追求自己利益的極大化。沒有人必須要對你好，所以當別人沒有顧及到你時，最好都視為各有難處，不要去在意，而是要學會包容。

在這個世界上，沒有人是無緣無故出現在我們的生命裡，都是生命中應該出現的人；每一件事情的發生也都有原因，是唯一會發生的事。所以在職場遇到委屈的人或事時，請這麼跟自己說：

我的胸襟，是委屈撐大的。
我的堅強，是委屈鍛鍊的。
我的人生，是委屈豐富的。

目錄

自序　委屈，是用來強大自己的　003

第一部　你經歷的，也是多數人正在經歷的

「適應力」是最強的競爭力，「不確定性」則是最強的性格，一定要擁有它們，才能在職場不受委屈！

好工作，不過是養家糊口　019
被需要的，才有價值　025
長年資，不代表長能力　032
資遣，將是家常便飯　039
你有爭取加薪的野心嗎？　046
別讓長壽成了一種詛咒　052

第二部 職場政治是至難的修行

人的社會本來就存在各種非理性與不公平，現實而殘酷。堅強起來，正視它們，戰鬥至勝利為止，弱者不能談委屈。

反覆不過是因應變化的彈性 061

能對付鳥事，方顯真本事 067

想做事，也得會做人 073

有一些好，永遠不會被感激 079

請假也需要適應與學習 085

「過度服務」只會害死你自己 092

第三部 不安不過是部分的人生

三十歲以後，不時遇到人生重大轉折與抉擇，不安更是日常。我們要做的，就是去明白不安的原因，建立自己的價值，不安才會消散。

焦慮可以是一種動力 101

請理解沒有人必須對你好 107

接受自己，才會找到快樂的自己 113
夢想屬於自己，與工作無關 118
學位不是生涯危機的解藥 124
準備好接受父母的老去 131

第四部 一切都是為了更好的生活

認真工作再也不能保證生涯高枕無憂，甚至可能得到相反的結果，但工作的意義是為了更好的生活，因此我們要變聰明，而不是死工作！

讓人力銀行成為你的數據資料庫 139
別讓人資擋住了你 146
想要高薪，就要做對選擇 152
你的喜歡，不是應徵工作的理由 159
主管怎麼想，就是比你想的更重要 166
失業是必須提早管理的風險 173

第五部 你能展現的是態度和行動

人生是有目標的，自己是有風格的，必須按照自己的意思活著，一切由自己負責，頂天立地，扛起成敗。

沒有一個工作是不受委屈的 181
祝福，可以讓過去變成漂亮資歷 187
有時候離開只會讓自己受傷 194
我們都是主動選擇了一種生活 200
你的位置不在戲棚下 207
在錯誤面前，自尊一文不值 214

第六部 成長是一輩子的課題

工作不是人生的全部，所以不能躲在工作背後，而要探出頭來，認真思考，只有不斷學習與成長，才是這一輩子最重要的課題。

隨時為幸運做好準備 223
成為創造價值的人 228

上班身不由己，更要用假日拯救自己 234
離職的理由永遠是為了自己好 239
快樂生活是終極的追求 244
為未來，顫抖也要走出去 250

第一部

你經歷的，也是多數人正在經歷的

不要去想退休了！未來多數人都要工作到老，可是產業更迭快速，裁員資遣成為家常便飯，你唯一能做的就是不斷自我演化成強者，「適應力」是最強的競爭力，「不確定性」則是最強的性格，一定要擁有它們，才能在職場不受委屈！

好工作，不過是養家糊口

工作與生活取得平衡，是這一代年輕人最重要的工作觀，如果這兩者可以滿足，他們寧願薪水少一點，但同時又無法放棄有品質的物質生活，矛盾就出來了。其實，你不必這麼委屈……

好工作是什麼？

在過去，每個人第一個念頭就是想到當公務員、到學校教書；留在民間企業任職的，就是到大企業，薪資高、福利佳、安穩有保障。

現在不一樣！網路上出現一則鋼筆字，改寫了好工作的定義，引起極大共鳴。在一家官方粉絲團刊出時，不論按讚或分享數都創下該團的歷史新高。鋼筆字作者是黃富生，內容寫道：

什麼是好工作？

1. 不影響生活作息
2. 不影響家庭團聚
3. 能養家糊口

台灣沒有這種好工作

看完後，我有點不以為然，心想這三個標準未免太低，有什麼難的？可是下方的粉絲留言竟然都說：

「這是絕種的工作！」

「這不是工作，是夢境！」

「根本沒這種工作！」

「需要養家糊口就是要加班，就無法滿足前兩項！」

也有傳統產業的人好心提醒大家，傳統產業可以滿足這三個條件，可惜年輕人都不從事傳統產業……卻馬上被其他人吐槽說，傳統產業勉強有前兩項，但是無法養家糊口，還是不夠格稱為好工作。後來大家的結論是，只剩下公務機關有好工作，不過公務員越來越不好幹，經常性加班的也所在多有。

沒想到，這麼低的標準，大家還覺得是天方夜譚，真是出乎意料之外。第一眼看到這則鋼筆字時，心裡還犯嘀咕，小編的選材能力退步了，不是用字漂亮的金言佳句，意義不深，也不具心靈雞湯的風格，一點勵志的作用都無，老套無趣到掉渣……工作不就是應該這樣，也不過是日常人生，需要特別寫個鋼筆字來警世嗎？

小確幸，竟是大奢侈

可是，我錯了，錯得一塌糊塗。年輕同事的想法與我大相逕庭，以下是我們的對話：

「內容很平常啊！」

「平常才會引起共鳴。」

「工作，不就是『應該』這樣嗎？」

「但是『應該』這樣卻不代表『真實』是這樣。」

一家財經雜誌的主編告訴我，他們曾經做過調查，想了解現在年輕人想要快樂還是成功，在「小確幸」與「大志向」之間怎麼做選擇，結果發現台灣目前的年輕世代傾向選擇「小確幸」。這個結果很容易導向一個結論，指稱這是一個缺乏大志向的世代，接著社會便開始憂心，認為在這些主人翁當家作主之下，台灣的未來堪憂。

我原來也這麼想，看了這紙鋼筆字後，體認到年輕人的心情感受，心想如果連這三個「小確幸」的低標都感到絕望不可期待，社會怎麼期待他們有「大志向」？

當外資企業的薪資也入境隨俗

過去，大家除了搶進大企業外，也會擠外商，因為薪資與福利俱優，高於一般水準。也因此一般人都以為只有本土企業才會壓榨勞工、台灣老闆才會摳門給低薪；但現在連外資企業也入境隨俗這麼幹，挾著品牌威力，到台灣用最低工資大賺這個市場的錢。

有一家外資連鎖餐廳集團，旗下數十家店，除了店長與廚師外，內外場幾乎都是用時薪人員，時薪是勞基法規定的基本工資，可是主管帶著無比驕傲的口氣告訴我一個好消息：

「時薪人員做滿兩個月，可以依照績效表現調薪。」

的確是一個好消息，表示這家公司能提供員工希望與發展，於是我問對方大概可以調多少錢，結果答案是——兩元。

一般而言，餐廳一個班是四小時，每天調薪八元，天天上班，二十二天是一七六元，兩個便當錢！我完全沒法理解，這麼苛刻的加薪水準，憑什麼認為是「好消息」？接著，我再問用人的條件，他回答要對服務業充滿熱忱，可是我說餐廳工作耗體力，於是他再補充一個刻苦耐勞的條件。但是我的心裡，幫他們補充了第三個用人條件——不計較錢。

企業對員工好，員工就會對企業好

高雄有一位年輕朋友告訴我，他在一家全球性的快流行服飾品牌工作，最近公司想要將正職人員全部換成時薪人員，可是不想給資遣費，就想了一個辦法：「調職！」地點遠在台北，不提供任何租屋或補助。和這家公司一起打拚兩年的朋友說：「為了工作拋夫棄子，這不是在逼我們自動離職嗎？」

這樣的故事太多太多了……讓人不禁深深感到好工作難求！希望企業主都能看到這一紙鋼筆字，聽到員工的心聲就只有這三項，沒說要休假多，只要該放假就放假、該下班就下班，不影響生活作息，不影響家庭團聚，也沒說要高薪，只要可以養家糊口。好工作才會有好員工，有好員工才會有好企業，讓台灣的職場走向正向循環吧！

【採取行動】面對工作環境或條件不理想的委屈，你可以這麼做——

沒有一個工作是完美的，有本事的人不是自覺委屈，而是採取行動，清楚要的理想工作具備哪些條件，排出優先順序，拿走自己在意的，放掉不在意的，而不是通通都要，否則就會變成通通要不到。

被需要的，才有價值

認真讀書二十多年，拼到名校畢業，以為到處搶著要，從此飛黃騰達，其實錯了！企業要的是能力，不是學力；要的是經歷，不是學歷，現實難免令人失望。其實，你不必這麼委屈……

有些優秀的人總愛怨歎懷才不遇，卻從來沒想過，懷裡的才是不是企業需要的？企業要的才，他的懷裡有嗎？沒有想通這兩點，注定求職碰壁，懷才不遇，抑鬱終身。

最近PTT出現一個典型例子，擁有美國名校學歷，便以為工作能力也有九十九分，哪知台灣企業不買單，她就認為企業不識貨，批評企業這不對那不對……。後來有中國企業要錄用她，她就認為中國企業更有見識，看得懂她的優質，決定到中國工作，我們姑且稱她Penny。

台灣企業不用她，是識貨，還是不識貨？

Penny自政大畢業，在公關公司任職兩年，之後赴美求學，是一所傳播科系Top 10的大學，且TOEIC考九百七十分。雖然學歷漂亮、英語能力強，可是Penny不想離鄉背景，二〇一六年回到台灣發展，職務鎖定品牌公關，開出的薪資分成兩種：用到英語是45至48K，不用英語則40至43K。面試八家，Penny失望透頂，悵然的說：

「本來選擇回台灣，就是要奉獻所學，結果還是到中國工作……」

懷抱著一腔熱血，灑到這塊土地上，連冒個煙都沒有，Penny氣到上PTT告狀，列出各家面試過程與薪資開價，引起鄉民熱議，我的年輕同事看完發文脫口而出：「台灣就是不重視人才，給香蕉就只能請到猴子，難怪人才要出走，企業活該沒有人才可用！」（又是一段典型鄉民的言論，充分說明台灣年輕人對就業市場的「智商」。）

Penny應徵遊戲產業，有紅心辣椒、網石棒辣椒、新加坡商G社，她都開價43K，G社沒有下文，而紅心辣椒還價36K、網石棒辣椒40K加年終一至二個月，都低於Penny的預期。另外有還價的有東元電機，給36K共十六個月，年薪算是接近Penny的理想值。

其他四家都是bye-bye再連絡，比如：外銷電腦Getac，Penny開45K；做電子商務的創業家兄弟，開40K，以上這兩家都沒有給進一步的回應。到了做香氛產品的十分國際，Penny開45K，把對方主管嚇一跳，問她真有領過這樣的薪水嗎？再來是寶成鞋業的關係企業，對方明白告知加班至晚上八點是常態，星期假日還要辦活動，Penny不爽，就獅子大開口喊價50K，後來連主管都沒見著，當然也不再連絡。

走出台灣，就會知道自己的斤兩

總共面試八家，只有三家跟她談到給薪的金額，Penny的錄取率不如學歷亮麗，失望可想而知，可是她不是檢討自己哪裡不足，而是怪罪企業，放大面試時遇到的缺點，比如企業的態度差，好像求職者有求於他們，必須放低姿態；另外，問企業願景時，他們都答不出，只得到「景氣差」、「會努力」等喪氣的話。

直到中國企業面試時，這些「台商問題」都不存在，薪資高、面試感覺佳，即使Penny再不想離鄉背景，仍然不得不出走到對岸，可是文末留下伏筆，年後再看看台灣有沒有其他理想職缺。

看完Penny的貼文，我訪問四位大企業人資主管、一位公關公司總經理、一位電視台新聞部主管，他們都不約而同說：「一路好走，祝福她！」

他們一致認為，Penny學歷好、英文佳固然好，但是只有二年公關經歷，還不足以獨當一面，用這種待價而沽的態度求職，只是顯示對產業無知、態度高傲罷了。一旦走出台灣，勢必碰釘子、受挫折，到時她就會知道是台商有問題，還是自己有問題。

【對業界的無知①】台灣是買方市場

公關業在台灣早已是成熟產業，人才濟濟，英文好的公關高手多得是，在求才上是買方（企業端）市場，賣方（求職者端）當然要放低姿態，可是Penny完全弄錯情勢，以為是企業求她去上班。

至於中國，公關業是剛起步的新興產業，對人才需求若渴，加上市場大，給薪幅度極寬。Penny卻據此說中國企業對人才比較尊重，是嚴重忽略公關業在兩地發展處於不同階段，對人才的需求有冷熱之分。

【對業界的無知②】學歷不等於能力

一個好的公關，要有「出將入相」的能力，還要具備「後宮佳麗」的外貌。比如：擁有策略性思考、邏輯性思維、新聞寫作技巧、計畫與執行能力，還要有良好的溝通能力，包括提案、簡報、說服等。尤其這是高度專業與精緻的服務業，必須做到讓客戶滿意，更不用說經營媒體關係這一條重要人脈。說到這兒，已經夠讓人心生怯步，卻要再加上outlook這個條件，像外形、穿著、儀態、談吐等，充分展現出亮麗專業。

在台北當公關，入門起薪二萬八，憑能耐調薪，工作兩年後調到四萬三，需要十分outstanding才拿得到；換句話說，以上各項能力都要在水準之上。學歷不等於具備這些能力，Penny也未充分說明專長強項，企業當然會遲疑。

【對業界的無知③】沒有能耐，就要有態度

Penny迷信學歷，態度高傲，缺少企業期待的自信中有謙虛，是她不獲錄取的原因。公關既要服務客戶，還要伺候媒體，讓人懷疑她足以勝任，受訪的新聞部主管說：「辦活動時，連叫她買個便當，主管都要猶豫再三，不知叫不叫得動，還有什麼事敢請她做？」

【對業界的無知④】薪資有行業差異

公關業起薪普通，講究實務累積的經驗、能力與人脈，只要在業界做出幾個重要客戶、或做出幾件響叮噹的大案子，證明可以獨當一面，有了credit之後，便會有企業紛紛來挖角，是薪水三級跳的時候，可以翻上一至三倍。

可惜的是，Penny在人生起步時，都是往外求，求高薪，求大企業，求企業要說得出令人憧憬的願景，卻忽略往內求，彎下腰學習，培養出能耐，證明自己。一位五百大企業的人資處長說：「她只是一味地要求企業符合她要的條件，而沒有去想企業的用人條件，自己要怎麼做才能符合？」

台灣企業不是給不起高薪，而是知道誰值得給高薪。的確，企業會餵猴子香蕉，但是也會給老虎吃大塊肉。

年輕人啊，你要做的事是證明自己是一頭百分之百的老虎，而不是躲在網路背後叫囂的紙老虎；拿出來嚇人的，不應該是投在網路上虛張聲勢的龐大影子，而是可以做出成績的真才實學！

【採取行動】面對自認未受正當評價的委屈，你可以這麼做——

這個時代，沒有懷才不遇這件事。當能力被看扁時，有本事的人不是自覺委屈，而是採取行動，放下小自尊，客觀看待能力與期待之間的落差，給他人更多肯定自己的機會。

長年資，不代表長能力

對於薪水，一般人都以為會一直漲上去，真相是很多人在三十多歲就凍漲，在四十多歲被減薪，而不禁感到能力被否定、價值被重貶，懷疑努力的意義。其實，你不必這麼委屈……

上班工作，最關心的就是自己的薪水，一般人的簡單邏輯，是努力工作就可以加薪，薪水是一條不斷上揚的直線，從來沒有想到有一天會被減薪。根據勞基法規定，減薪必須勞資雙方合議，但是如果擺在眼前的情況，是不減薪就工作不保，怎麼辦？

我不是在預測未來，而是在描述台灣此時此刻的職場現狀。

最近，政府公布平均薪資，又是引起一陣撻伐。的確，這幾年台灣的平均薪資是不斷在提高，二〇一四年是四萬八千元，二〇一五年是五萬一千元，但是不少上班族根本感受不到薪水的增加，紛紛站出來質疑政府造假。然而，事實是薪資分布早就產生質變，不是大家都沒有加薪，而是自己與周遭的親友沒有加到薪，**這個同溫層也是最需要擔心的一群人，過了一定年紀，他們最有可能被減薪！**

四十八歲被減薪三成

薪資日趨M型化，而且越來越往低薪傾斜，這個族群的人口日漸變大，薪資下探的底也日深，至於平均薪資之所以拉高，是高薪族群的薪資日益攀高，強力拉抬的結果。所以，**低薪族群要面對的不是低薪而已，還有減薪**。

在我的粉絲專頁，通常粉絲來問的，都是如何加薪，米克是第一位來問我如何跟老闆提出減薪要求，卻不致讓老闆起疑心。的確，太奇怪了，要是我也會懷疑他的動機，是不想要專心工作，還是想要跳槽他去？總之，動機一定不純正！

米克不過三十三歲，正處於職涯的黃金年紀，按照常情，一般人一定會認為薪水尚未碰到天花板，還有上漲空間，將隨著年資不斷調高，選在這個時間點提出減薪，其中必有隱情。不過，聽了他的說明之後，我不得不讚嘆這小夥子有著超齡的智慧，完全掌握薪資的密碼！

米克的小舅長他十五歲，老闆對小舅提出減薪三〇％的要求，如果他不依，可以選擇離職走人，公司再另外聘請新人，二十多歲，只要付給一半薪水，一年半載就可以上手，小舅聽到這裡，整個人按捺不住，衝著老闆大罵：

「你是說，我這二十五年是白幹了，比不上一個年紀小一半的菜鳥，是嗎？」

老闆點了點頭，回答兩個字：「是的！」小舅一怒就辦理離職，頭也不回走了，卻因為未滿五十五歲，舊制的退休金一毛錢也沒拿到，還失業一年在家；後來找到工作，薪水比原來少三〇％，小舅還是乖乖去報到。米克看在眼裡，覺得簡直是一齣荒謬劇，烏龍到令人傻眼，早知今日，何必當初？這件事給米克上了一課，發誓絕對不重蹈覆轍。

先蹲後跳，以免被減薪

後來他上網查了資料，發現**在日本，中老年人要繼續留任職場，減薪是一個常見的現象，看起來這是時代走向，並不是老闆強人所難。**而小舅犯了衝動行事的大忌，也讓米克提早看到職場的真相——中年危機——並在心中暗自下了決定：

「與其十五年後，讓老闆來砍薪水，還不如現在做好準備，自己先下手為強。」

而米克的決定，居然是主動提出減薪！畢業八年，換過三份工作，職務一樣，工作內容差不多，該學的都學了，薪水快速成長期也走到尾聲，如果不做任何改變，薪水就會萬年不動，再過幾年便跟小舅遭逢一樣的命運，讓人痛心與不堪。他想要趁著單身沒有經濟壓力時，多學一個技能，預備一個安全網，可是這樣就沒有辦法擔任主管職，不時加班，因此他想要減薪，讓老闆接受他這樣的改變。

我得承認，老闆很難不覺得米克對工作有二心，開口溝通這件事並不容易，當然最好的理由是抬出父母需要照顧，減少責任、減少工時，也減少薪水，以便可以家庭與工作兼顧。最後，米克的老闆同意了，當然米克在工作上仍然兢兢業業，學習上也頗有收獲，他對於跨過四十歲以後的中年危機，也就稍微不再那麼焦慮。

令人高興的是，一年後，米克換新工作，做的職務和原來相關，而米克還有小主管的經歷，也用上學到的新技能，這樣的人才在市場上不多，米克既是跳到規模更大的企業，薪水也比從前調高三〇％，他再度來敲我的ＦＢ時說：

「我想都沒有想到，先減薪，再加薪，反而薪水更高！」

預防減薪有三招

是的，只有信仰年資主義的時代，每幾年調薪一次，薪資才是一條不斷上揚的直線，到了**今天擁抱績效主義**，**底薪的占比變小**，**獎金比重變大**，**薪資早已變成每月起伏的曲線**，**甚至有可能出現減薪的反折點**，上班族再也不能樂觀下去，以為工作努力就會加薪。減薪，是一個預警，它是資遣的前一步。以下是三個建議，預防減薪的到來：

1. 預測減薪是哪一天來臨

同一個職務，薪資大約會在八年後碰到天花板，持續一段高原期不增不減，超過一個年紀之後就可能出現反折點，向下減薪。如果薪資高過同職務的菜鳥同事五〇%以上，請皮繃緊些，因為老闆的大刀已經悄悄指向你。

2. 突顯價值，拉長薪資的高原期

一般人買東西，都希望價格低、價值高，買到物超所值的好東西。同樣地，老闆用人也是這個心理，如果不想讓薪資減少，就要想辦法增加價值，比如：特殊的技能、廣大的人脈、超強的口碑等。

3. 做出改變，創造第二條薪資曲線

趁年輕，生涯走勢還是往上揚的時刻，及早培養第二專長，做到專家等級，預留出路，隨時可以拉出第二條曲線，就不怕一個大浪打過來被淹沒。千萬不要等到生涯走到下滑期，被減薪或裁員時，才驚覺到沒有下一步可走。

職涯這一條路，從來就不是坦途，不是費力地往前跑，就是不斷落後，最後被淘汰。保有危機意識，總是安全一些。

【採取行動】面對年資不再是優勢的委屈，你可以這麼做——

每個人的生涯都有天花板，一定有減薪的一天！有本事的人不是自覺委屈，而是採取行動，及早培養第二專長，設法增加價值，在漂亮的轉折點，拉出第二條薪資曲線。

資遣，將是家常便飯

進外商，是很多人求職的第一志願，薪資高、福利佳，頭銜漂亮，卻沒有想到換來的是不穩定，不是兩年一任，就是被資遣，賺得多卻賺不久。其實，你不必這麼委屈……

「被裁員這件事，從現在開始，台灣的勞工要學習適應了……」

驟下斷語的人，是我新認識的朋友AY，做了四十多年的人資主管，曾被企業裁員三次。咖啡店裡黃光暖暖地映照在我們身上，我卻硬生生打了一個寒顫，全身雞皮疙瘩，許久搭不上話。

陽明海運減薪、法藍瓷裁員二五%

台灣勞工過去不常遇到減薪、資遣或裁員，從現在開始，越來越多企業會將它們視為在經營上求生存的必要手段，祭出的頻率日漸密集。這樣發展下去，有一天連媒體都會對這類新聞產生疲乏，而一般人也不再認為這是生涯中的意外事件。

現在之所以還會看到勞資對立、街頭抗爭，是因為本土企業缺少處理經驗，手法粗糙，讓人措手不及也心生反感。AY認為，在處理非志願性離職這方面，本土企業還有很大的學習空間，足足落後外商企業超過二十年。

二〇一六年我們談話的那一天，是秋老虎還在大肆發威的十一月最後一個星期四，赤炎炎的日頭當空，但是我們心裡清楚，經濟寒冬已悄然掩至，除了復興航空之外，十一月還有兩家大企業實施裁員或減薪，而且是營運與口碑皆佳的大企業！

復興航空資遣一七三五人，由於人數龐大及無預警，造成社會震驚，轉移了媒體的注意，報導方向全部鎖定復興航空，也轉移了民眾的關注焦點，使得這兩家企業得以逃過媒體的窮追不捨，也未讓社會再添不安。

首先登場的是陽明海運，上半年虧損八四・六二億元，表現不佳是歷年之最，為了撙節成本，公司針對協理級以上的高階主管實施減薪，協理級減薪三○％、副總級以上減薪五○％，連董事長謝志堅也難以倖免。

接著，文創精品瓷器法藍瓷大規模縮編，從研發、製造到行銷部門優退二五％員工，以此度過史上未有的營運危機。早在今年初尾牙時，總裁陳立恆已預告經營困難；到了八月，凡月薪五萬元以上的員工減薪一成；再到十一月，裁員四分之一，另有六名高階主管自動減薪一半。

光宗耀祖的工作，有一天會辭掉你

這兩個青天霹靂，任誰都難以想像！

在前一個世紀台灣經濟起飛的年代裡，一位年輕人考進陽明海運工作，不只象徵拿到鐵飯碗，還是會閃到眼睛的金飯碗——薪資高、福利佳、有保障，親人都會登門道賀，家長還要擺桌宴客，是一個可以榮耀門楣的工作。而法藍瓷是台灣文創產業的代表性企業，媒體爭相報導，陸客爭相購買，年年成長創高峰，員工平均薪資逾八萬元。

在農曆年發年終獎金之前，十一月接連三家大企業裁員或減薪，告訴台灣勞工一個新的觀念；過去我們認為小公司的工作不穩定，到大企業比較有保障，這樣的想法越來越經不起挑戰！

同一年我寫了一本書《不乖勝出》，有十五位家長看了心有戚戚焉，邀請我到讀書會演講，事前我設計一份問卷請他們填寫，出現一個讓我頗驚訝的數字，三分之二的家長寧願不勸子女去考公務員，卻鼓勵他們進大企業工作。公務員從來是台灣人就業的第一選擇，也是父母的最愛，雖然有退燒跡象，前一年仍然有五十萬大軍報考，什麼時候風雲變色，排序竟落到大企業之後？與會的家長竟然異口同聲說：「大企業比較有保障！」

他們認為現在公務員辛苦，退休金不如以往，還不如去大企業工作，特別是外商，薪資高、福利佳，人人年薪動輒數百萬元。等到我告訴他們，即使是美國的一千大企業，平均壽命不過三十年，而跨國企業更短到只有十至十二年，他們的下巴都掉了下來，久久收不回去。

國際企業，每十五年就會遷廠

ＡＹ一生的職涯極具代表性，是國際企業在台灣的縮影，寫盡輝煌與滄桑，也道盡無情與殘酷。

自成大外文系畢業後，趕上外商來台灣設廠的黃金時期，第一份工作是進入ＲＣＡ做了十七年，期間兩度易主，先是賣給奇異，再賣給法國湯姆森，ＡＹ是三朝元老，也都安坐其位，工作看似安穩，就在這個時候，湯姆森發現ＲＣＡ居然將有毒的化學物質排入廠區，造成嚴重污染，毅然決然關廠，ＡＹ首度被裁員。

之後他轉職到雀巢新竹廠，哪裡知道二〇〇一年公司政策大轉彎，評估台灣的生產成本已經不具優勢，決定不在台灣設廠，全部改由國外原裝進口，ＡＹ又面臨裁員。後來還有一次裁員經驗在ＡＴ&Ｔ，原因與雀巢無異，也是關廠，移到更便宜的國家生產。

「外商在台灣，平均只打算待十五年！」

這就是外商給高薪的原因！除了延攬頂尖人才外，另一個理由便是未雨綢繆，將來自台灣撤退時，勞資雙方好聚好散，沒有怨言。ＡＹ還清楚記得，有一次人資部門推出一個新計畫，命名為「以廠為家」，很快地美國總公司來了一紙命令，禁止這項計畫，因為：

「工廠就是工廠，家就是家，工廠不是家，家也不在工廠！」

公司不是你的家！

國際企業逐「低成本」而居，遷廠是營運常態，因此他們不想讓員工把感情放進來，誤以為工廠是家，彼此是一家人，將來要裁員時，產生認知差距，帶來勞資糾紛。後來，總公司將亞洲各國的人資主管全部召集到美國開會，要求做到一點，在為新人做教育訓練時，第一段話必須說：

「歡迎加入本公司，我們不保證你可以做到退休，但是公司會訓練你成為市場上最有競爭力的人才（以利於你未來轉職）。」

外商企業在路上留下的腳印，未來本土企業也會學著一步一步地踩上去。

ＡＹ說，**隨著科技更新快速，產業周期變短，以及全球化之後的競爭加劇，裁員或資遣都將是家常便飯，大約一輩子平均要遇上五次以上**，而含著眼淚，喉頭滿滿，是無法吞下新的一碗飯，反而要改變心態，告訴自己：

「還好是現在資遣，不是三年或五年後，否則到時候轉職會更困難！」

人生沒有不散的宴席，只不過是看誰來喊「散會」罷了，我們可以提辭職，企業也可以資遣我們，這就是職場的現實！所以請告訴自己：

1. 沒有一個工作可以做到退休
2. 保持競爭力到退休的那一天

彼此互勉！

【採取行動】面對裁員資遣的委屈，你可以這麼做——

裁員資遣將成為家常便飯，沒有一份工作可以做到退休！有本事的人不是自覺委屈，而是採取行動，接受現實，提升價值，人脈不斷，永遠可以東山再起，創造另一個高峰。

你有爭取加薪的野心嗎？

對於政府公布的薪資數據，你經常懷疑太高嗎？那麼，真相是這些平均薪資其實已經被低估過，所以你應該要問的是，為什麼你的薪水低於平均值？其實，你不必這麼委屈……

根據行政院主計處公布的二〇一五年受雇員工年薪，平均逾六十七萬元，比前一年增加一萬六千元，很多上班族都大呼數據膨風，原因是「我沒有領這麼多，而我周圍的朋友也沒有」，那麼，是那裡出了問題？

答案很殘酷，請你勇敢面對，那就是：

1. 去年別人加薪了，但是你沒有！
2. 去年你加薪了，但並未加到一萬六千元，而別人遠遠超過這個金額！

你的朋友為什麼也沒領到六十七萬元？

以下這個事實更是刮骨地殘酷，請你立正站好仔細地聽著：窮人的朋友多半是窮人，當你領低於六十七萬元時，周圍的朋友大多數也會是領低於六十七萬元。這個月暈現象會讓人以為，全台灣的上班族都和你們一樣在領低於六十七萬元，其實並不是！當然，根據八〇／二〇法則，領低於六十七萬元的上班族占了大多數，可以想見另外少數的那群高薪族，年薪高得令人咋舌。

還有，一般上班族一聽到年薪六十七萬元，除以十二個月，出現月薪五萬六千元，不少人會想：「那有可能這麼高？」停，停，請停止質疑……別忘了，台灣人在年底有發年終獎金的習俗。過去景氣差時大概平均在〇・九個月，景氣佳時約在一・七個月，一年至少領十三個月以上，因此六十七萬元至少要除以十三個月才等於月薪，主計處算出來的月薪是四萬八千元，並不是五萬六千元。不過即使是四萬八千元，大多數人仍覺得實際上沒有領到這麼多，因為這個金額還包括已繳出去的勞健保與勞退。

不過聰明的人不是只問what，還要會問why！有志氣的上班族不應該只嚷嚷：「我沒有領六十七萬啊！」而是要問：「為什麼別人可以領超過六十七萬，而我沒有？」這才是有心面對薪資真相的正確態度！

且讓我們從主計處公布的幾個數字，來看看究竟是誰加了薪，在哪些部分加薪，以及加了多少薪，提供給自己一個明確具體的努力方向。

【薪資趨勢①】未來，平均薪資一定會再調高

一反過去的低靡，二〇一五年的薪資出現一個漂亮的轉折點，終於在漫長的黑暗隧道之後露出一線曙光，平均薪資是十九年來最高。這個薪資成長，只是一個起點，它勢必成為一個長期向上的走勢，對於勞工而言是一個正面的好消息。

這幾年來，經過年輕人不斷大聲抗議，讓政府聽到了新世代的心聲，雖然政府的作為微弱，只能每年在最低基本工資上調個時薪幾塊錢、月薪一兩百塊錢，卻也讓更多年輕人覺醒，正視自己的低薪與青貧的問題，形成強而有力的社會氛圍，逼得企業不得不改善，才能找到人才或留住人才。

即使如此，我仍然要說，企業在調薪上是不見棺材不掉淚，之所以會調

薪，主要還是因為人口紅利不見了，這才是真正原因。企業喜歡錄用年輕人，可是少子化現象已經充分反映在就業市場上，企業找不到足額好用的年輕人力，不得不調薪動手搶人。現在的市場狀況，是不只搶畢業生，連在學的工讀生也炙手可熱，時薪不斷喊高。

【薪資趨勢②】本薪變少，獎金變多

重點來了，調薪為什麼沒有你？

因為你的工作沒有獎金可領，更不要說紅利！而這兩項才是薪資最肥滋滋的部分。

在這一次主計處公布的數據中，第二個和勞工的薪資最相關的變化，是經常性薪資占六八・八%，為歷年最低；非經常性薪資（包括加班費與非按月發放之工作、績效、三節及全勤獎金等）占一七・四%，為歷年最高。

也就是說，企業知道調薪是不可逆的趨勢，但是景氣變化越來越快，他們擔心調本薪會使人事成本固定僵化，於是將本薪調降，獎金調高，讓薪資組合更具彈性，景氣佳時含獎金領得多，景氣差時只剩本薪可領，展開了一個「低本薪、高獎金」的新時代，有本事你來拿本薪加獎金加紅利，沒本事就只能領本薪。

事實上，現在企業開出來的職缺，幾乎有三分之一屬於業務職，即使不是業務職也兼做業務。像郵局櫃檯人員要賣保險、健身教練要招生、網頁設計師要開發專案、物流業司機要兼賣東西……太多太多了，都是靠獎金過日子的工作！**如果你還抗拒做業務，不是找不到工作，就是只能領越來越微薄的本薪。若是想領高薪，必須改變求職的方向與態度，擁抱有業績獎金的職缺。**

【薪資趨勢③】薪資M型化

薪水往上攀高，來自誰的貢獻？不是多數勞苦的低薪族，而是來自高薪族的薪資溢價。可惜主計處沒有公布前二十與後八十的薪資數據，想必是不想挑起低薪族的不滿與憤怒，否則真相會更清楚。

未來薪資會持續往上走，如果你仍處於無感狀態，就表示自己屬於「在平均後被往上拉高數字」的低薪族；另一端高薪族在薪水上呈現和自己快速拉開差距的局面，自己不斷被甩在後面，越來越遠，直到看不見對方的背影。

在全球化時代，只是擁有技術與能力是不夠的，還需要具有在這個地球上到處趴趴走的能力，也就是國際的流動能力。擁有這項能力的人才有可能躋身高薪族，他們的薪水是以國際水準計價，不是和台灣看齊，拉高不是幾趴的成數而已，而是倍數的跳躍；相反地，只能固守在台灣的勞工，薪水就只能隨著這一條船上下浮沈，每年盼著幾百塊錢的加薪。

薪資會越來越不公平，贏者全拿，輸者只能撿掉到地上的餅乾屑。十六年來薪資倒退，總覺得還有人作伴，大家一起苦，可是未來主計處每年公布薪資往上漲時，而自己的薪資紋風不動，心裡就會比過去更苦，相對的剝奪感日深！所以，一定要想辦法脫離這個既窮又苦的景況，除了付出壓倒性的努力之外，請一定要注意上面三個趨勢。

【採取行動】面對薪資不如人的委屈，你可以這麼做——

薪資M型化，一定越來越嚴重！有本事的人不是自覺委屈，而是採取行動，想辦法位移到高薪族，改變求職方向，培養全球的流動能力，讓薪水與台灣脫勾，而與國際連動。

別讓長壽成了一種詛咒

年輕人追求的是精彩人生，不想太長命，壽命的預估偏短，生涯規畫漏算最後二三十年，後來知道竟然要工作到七十五歲，難免驚惶失措，覺得人生好辛苦。其實，你不必這麼委屈……

老人化，一般人都以為在講老人，其實它是在說未來的自己。如果沒有意識到這一點，也就不會深刻去想，它對自己在生涯安排上的影響有多深？缺少「歷史觀」，以為此時此刻就是永恆，用現在的觀點看待未來的人生發展，一定失焦，也失準。

台灣老人化速度之快，在全球名列前茅，可是走一趟各地之後卻發現，台灣人普遍沒有想到自己會「長壽」。我受邀演講，在現場問聽眾的結果，北部人較多認為會活八十歲，中部人七十五歲，南部人七十歲。

然而，根據統計，實情是台灣的平均壽命已經來到八十歲，被統計的人是往生者；換句話說，目前的活人一定超過八十歲！現在出生的嬰兒，半數將活一百零五歲以上；十五至三十四歲的千禧世代則一半是百歲人瑞，聽到這裡，聽眾無不倒抽一口氣，紛紛表示：「活這麼老，很辛苦，我不要！」

壽命，不是我們能決定的！

這種心情，我也有過！時光倒退二十年，朋友曾經推薦某位算命師，一定要拉我去算命，算命師一一細數我未來每個十年的運勢，講到九十五歲時，突然筆一扔，說九十五歲以後看不到了，意思是我的大限是九十五歲！當時三十出頭，我並沒有高興，第一個反應便是：「活九十五歲，太老了，我不要！」

那時候社會上還沒有人在講老人化議題，平均壽命七十啷噹，朋友當然是恭賀我長壽，現在才知道像我這個年代的人，活到九十五歲一點都不稀罕，哪裡算得上是長壽！可是，不管要或不要，**壽命有多長不是我們能決定的，長壽是人類命運必然的走向**，由不得我們有意見！

《人類大命運》（*Homo Deus: A Brief History of Tomorrow*）是全球矚目的新銳歷史學家哈拉瑞（**Yuval Noah Harari**）繼《人類大歷史》（*Sapiens: A Brief History of Humankind*）之後又一本暢銷巨著，筆觸幽默犀利，站到未來，往回看現在這個時間點，依照人類歷史發展的走勢，大膽提出一個震撼的命題：「假設可以長生不死，人類會怎麼看待人生，會怎麼安排生涯？」可以想見的，一定和你我大不相同！

長壽，就是會缺錢！就是要工作！

不過，不必到長生不死，就算只活七十五歲，聽眾第一個想到的是什麼？這一題的答案倒是全台灣一致，不是健康、朋友、家人，而是「缺錢！」

是的！多數人以為只會活七十五歲，養老金就存到七十五歲為止，當答案揭曉壽命是九十五歲，準備的錢一定不夠！可是台灣人卻很少想到，老人沒錢時，要靠工作才會有錢！因為台灣人習慣早早退休，社會上不常看到老人在工作，所以腦海裡不會出現這個選項，而這樣的退休觀念早已落伍，與時代背道而馳。

台灣的平均退休年齡，去年創下新高，「高達」五十八歲，退休後不工作約二十二年，媒體當作大新聞大肆報導，但是環顧其他國家，會發現我們並不是自己認知的「勤奮水牛」。依照二〇一二年統計，日本平均壽命八十三歲，近七十歲退休；韓國壽命八十一歲，七十一歲退休；美國壽命七十八歲，六十五歲退休；連熱情浪漫的西班牙都是六十一歲退休……。他們的退休年齡都來得比台灣晚，退休後不工作的歲月短到只有十三年，台灣悠閒時光則是多了九年！

不只個人，企業也一樣缺乏警覺

像我的年紀，六十五歲才可以領全額勞保年金，年輕一代無疑地一定上看七十五歲，養老金若未存夠，必須工作到七十五歲！當我在演講現場，提出這個預言，無不倒成一片，臉色慘綠……。是的，沒有人想要工作到七十五歲，因為「未免太『老歹命』！」

勞保年金延後請領是各國走勢，今天澳洲得要七十歲才可以領，英國則是六十七歲，台灣也不例外地會往後延，再加上年輕一代的薪資倒退，壽命延長十歲，不再像他們的父母，有本錢只需要工作到六十五歲。

還是那一句話，不管你要或不要，工作到這麼老是命定的！反而要想的是，怎麼讓自己到中年以後，還保有價值，讓企業肯雇用自己繼續工作。競爭力必須從年輕時開始培養，否則老來能跟年輕人搶小七的工作嗎？憑自己的體力與反應力，恐怕連小七的工作都做不來。

然而，一般上班族並未覺醒到長壽對職業生涯的影響，但企業也好不到哪裡去！我在人資界負責招募的朋友無不叫苦連天，**人越來越難找，找到的人，素質越來越差。一般都以為人才流失，其實那是少數有本事的菁英才能外流，真正原因是年輕人口變少，根本是無人可找！**可是不論我到哪家企業，問他們要用幾歲的新人，得到的數字都是相同的「三十五歲以下」！

問題是，少子化與老人化交叉影響之下，青年人大量減少，中年人大幅增加，二〇一七年二月，台灣首度出現老年人口多過幼年人口。老化的速度不斷加快，光是這十年前後，二十五至三十四歲減少六十四萬人，三十五至四十四歲增加二十六萬人，五十五至六十四歲增加一百萬人，偏偏企業還在緬懷過去的美好時光，非要鎖住青年人不可，說真的，就鎖死自己吧！

多給香蕉，也找不到猴子

有一天，一位人資朋友沮喪地告訴我，他的主管明明知道人口結構改變了，還是堅持只錄取青年人，寧願撒下重金，提高內部推薦的獎金，就是不用中年人。朋友整個頭殼抱著在發燒，不斷地說這是不可能的任務，還指出：

「現在是多給香蕉，也找不到猴子的時代！」

台灣就這樣陷入兩難之中。中年人找不到工作，企業找不到青年人；年輕一代必須工作到七十五歲，卻把頭埋在沙堆裡，幻想著六十五歲退休養老……。原因就在於我們沒有認清楚歷史真相，昧於事實的後果，是被歷史甩在洪流之後！因此，不論是上班族或企業，何妨讀讀這本《人類大命運》，知道歷史走向，順天行事，而不是逆天行道，與歷史拔河，浪費時間！

每個人都是一步一步走向未來，也是一步一步走入歷史，歷史與未來不過是瞬間的切換。有了歷史感，才會有未來感，明白下一步何去何從，做出正確的決定。且讓我們每個人都能夠掌握人類大命運，預知未來，做好生涯安排，迎向有品質的長壽人生。

【採取行動】面對必須延後退休的委屈，你可以這麼做——

退休年齡不斷往後延，多數人會工作到很老！有本事的人不是自覺委屈，而是採取行動，去想怎麼保有價值與競爭力，適應產業的變化，中年之後仍有企業願意雇用！

第二部

職場政治是至難的修行

職場不是你想的那樣，別再抱怨了，不只沒用，也顯得無知！你要做的，是認清這是人的社會，本來就存在各種非理性與不公平，既現實且殘酷。堅強起來，正視它們，戰鬥至勝利為止，弱者連感到委屈的權利都沒有。

反覆不過是因應變化的彈性

年輕人都喜歡工作有挑戰，才有活著的感覺，但是沒想到挑戰也包括產業更迭、市場變化，以及主管反覆不定，公司必須在矛盾中壯大，而感到難以適應。其實，你不必這麼委屈……

很多人對老闆最大的不爽就是朝令夕改。昨天才說那樣，今天就變了個樣，還是一百八十度大轉變，讓人無所適從，不知道怎麼做事，老覺得自己昨天白做工了，早知道就別那麼努力……。在說不出的痛苦沮喪之餘，對於老闆會冒起一股無名之火，心裡吶喊著：

「老闆你到底在幹什麼啊！為什麼不要一次想通，一次說定！請別再改來改去的好嗎？再這樣下去，我沒有辦法做事，會很想離職的……」

都是老闆改來改去！

Gloria在一家網站公司工作，三十二歲，是一個小部門的主管，和大家一樣倒楣，也碰到了一位朝令夕改的老闆。

前兩個月公司大會，老闆一臉嚴肅，正式宣布人事凍結。Gloria從來是一個使命必達的好員工，老闆一聲令下，二話不說全力配合，想盡辦法重新安排人與事，中間遇到的阻力與中傷自不在話下。兩個月過去，又到了開大會的日子，Gloria興沖沖地準備提出人事整頓後的績效報告，哪裡知道老闆卻表示要加足馬力往前衝，還撂下一句話：「需要人就請，就是要全面快速搶攻市場，業績倍數成長，不要幫我省人！」

Gloria當場差點昏倒，光是想像屬下會怎麼解讀這件事就胃絞痛，他們一定說：「老闆又沒有要凍結人事的意思，都是Gloria想要藉著節省人事成本，在老闆面前邀功。」「一會兒要保守經營，一會兒要火力全開地衝刺，Gloria太沒定見，這個主管是怎麼幹的？」千錯萬錯都是Gloria的錯，必須悶不吭聲地概括承受，一點都不能推說是老闆改來改去。

類似這種翻來覆去的情況，每個月都會來一次，Gloria每次都苦笑地說是生理期來了。她的先生大她八歲，是公司裡的中階主管，每個月也要聽她抱怨一次，這次忍不住跟她說：

「妳不覺得妳和妳老闆是同一種人嗎？他帶給妳的痛苦，和你帶給我的痛苦沒有兩樣啊！」

其實，我們跟老闆是同一種人

天哪，Gloria怎麼樣都不想被認為和老闆是同一種人，覺得受到莫大的羞辱，不服氣地要先生舉出實例，結果先生馬上丟出兩個活生生的例子。

比如早上要穿哪一件衣服上班，Gloria可以站在衣櫥前磨蹭半小時，床上丟滿決定不穿的衣服，等她一起上班的先生老是等到火大，後來提議Gloria提早半小時起床準備，才解決了這個問題。

再比如週末假日在家，中午要叫便當，Gloria一開始沒意見，等先生提出某一家便當，她就推翻掉；常常是連提三家之後，先生非常不耐煩地說，再不行就由Gloria自己出門買回來，Gloria才勉強做出決定。

「這樣大大小小的事情，一天會發生好幾次，妳也是在折騰我啊！可是妳有改掉這個反反覆覆的毛病嗎？並沒有，每天依然上演！」

Gloria閉上嘴不再抱怨，沈澱下來安靜回想整件事的前因後果。今年不景氣，緊縮人力並沒有錯，哪裡知道上個月他們的對手因故退出市場，老闆決心加派人力攻城掠地，不再緊守人事凍結的舊政策，說到底也是正確的改變。

改變只是為了適應變化！

是的！新決定常常比舊決定好，因為它更適合眼前的客觀環境。

就像今天早上挑選的衣服，不會是昨天穿的那一件或是看起來差不多的一件，因為今天的行程、氣候、心情與見面的人都不同，在做了各種考慮之後，我們會穿上今天覺得最好看的一件衣服出門。一樣地，老闆會改變決定，是因為市場變了、局勢變了，他必須有所因應、有所改變，才能帶領公司走向更美好的明天。

在公司經營上，做決定是一件高難度的事，它不是穿衣服或訂便當，不如一般員工想像中容易；而改變帶來的痛苦，也不是衣服丟了整張床的那般混亂而已，不如一般員工想像輕鬆。不論最後的決定是什麼，員工只是執行者，成敗主要還是由老闆承擔，他的壓力比員工都來得沈重。

當我們在抱怨老闆改來改去時，也許要從另一個角度思考，難道我們喜歡一個知錯不改、不知變通的老闆嗎？**一個會改變的老闆，比一個不會改變的老闆，讓作為員工的我們更加放心，反而是我們要學習「擁抱不確定性」**。

「不確定性」是新的課題

我們公司去年開發出一個新的職場性格測驗，比起傳統測驗多出了十四個性格指標，這些都是因應時代變化以及企業對員工的新要求而研發出來的。其中有一項最特別，叫作「不確定性」，企業裡的人資主管剛開始看到這個性格指標時，表情都是先愣了一下，但很快地就點頭稱是、一臉認同地說：

「是啊，現在市場變化太快，沒有工作固定不變，具有『不確定性』的員工，真的是越來越需要！」

老闆就是會反反覆覆，公司就是在矛盾中成長壯大！說起來，我們的人生不也是這樣走一步、退兩步，再進三步地走過來的嗎？那麼，就別再苛責老闆，也別再抱怨公司，而是學會認清事實，並且培養出自己的不確定性。

真要說起來，抱怨老闆捉摸不定，只是暴露弱點罷了！曾經有一家企業人資主管告訴我，他在面試時，都會問到離職原因，只要對方答說因為老闆朝令夕改，都不予錄取，因為他認為沒有老闆是不反覆的，若因此離職是這個人有問題，「因應產業變化的彈性太低！適應力太弱！」

【採取行動】面對主管朝令夕改的委屈，你可以這麼做——

主管就是反覆不定的變異人，有本事的人不是自覺委屈，而是採取行動，改變自己，加強適應上的彈性，再做向上管理，充分溝通，方向一致，贏得信任，主管自然就會被馴服。

能對付鳥事，方顯真本事

工作，做自己喜歡的事，是一定要的！可是即使喜歡的工作，裡面還是有不少是不喜歡的部分，難道要因此幻想破滅，離職念頭一天閃出來一千次嗎？其實，你不必這麼委屈……

工作中，就是會有一些討厭的鳥事，如果一直被煩躁的情緒控制住，鳥事會惡化成蠢事，掉進陷阱裡，讓自己看起來不聰明。也許換個心情，換個想法，鳥事也會變美事，自己也顯得有智慧。

影星霍建華過去曾在拍片的空檔，走到超商買飲料，碰到粉絲請他簽名，霍建華親切地一一簽了，但是眼睛不時瞄向對街，原來對街有狗仔隊一直跟拍他的一舉一動。終於簽完了，霍建華轉身要回片場，一時怒火攻心，無法按捺住火氣，對著狗仔隊大吼：「拍夠了嗎？」

再不想做也是工作的一部分

一句話，不過四個字，各大報紙爭相報導，只能說霍建華太紅了，否則哪裡足以成為一條新聞？

說起來，比起很多明星，霍建華的反應算是溫和了，還記得周杰倫惱火時，也拿起相機對著狗仔隊一路追拍嗎？還記得什麼事都要發表意見的吳宗憲，揚言要把狗仔隊趕出台灣嗎？可見得，只要紅起來，明星藝人對狗仔隊都深惡痛絕，甚至有人氣到動手打人或砸相機，因為「明星藝人也有隱私權！」

明星藝人的工作，其中重要一環是不斷創造話題曝光，不斷搶鏡頭搏版面，追求人氣上升，它們都屬於工作的一部分！當明星藝人拒絕狗仔隊跟拍，就如同一般上班族對著老闆嗆聲：「我知道這是工作內容的一部分，但是我不想做，因為我不爽這部分！」

你覺得老闆會怎麼說？他一定說：「要麼全做，要麼滾蛋，二選一，你選哪一個？」

有美事，就會有鳥事

每個人的工作中，都有自己喜歡的部分，叫做美事！同時也會有不喜歡的部分，叫做鳥事！什麼是敬業精神，就是美事與鳥事都要認下來，並且做好它們！絕對不是挑喜歡的來做，再對剩下來的鳥事說：「喂，別跟我玩這一套！」一般上班族都懂得這個道理，明星藝人是大家的偶像，尤其要懂得鳥事也是工作的一部分。

霍建華今年三十八歲，十七歲出道，將時光倒回二十一年前，那時候他在幫節目主持人曾國城當助理，隱身幕後。但是他想當歌手，這個馬步一蹲六個年頭！直到二十三歲時，為了得到一個唱電視劇片尾曲的機會，接下第一部青春偶像劇《摘星》，意外地與表演結緣，從此踏入演藝圈，一路走紅至今。

假設這次的狗仔隊跟拍，是發生在二十一年前霍建華十七歲時，名不見經傳，沒有人認識他，沒有人對他有興趣，但是他一心一意懷抱著歌手夢，想要出一張專輯，卻一直與夢想擦身而過；而狗仔隊開始發現他是一塊璞玉，每天跟蹤他，每天報導他，你覺得霍建華的心情會是怎樣？

三個字——樂壞了！

在錯誤的時間，做錯誤的期待

明星藝人在不紅時，盼著有狗仔隊二十四小時跟蹤，有人還會製造假鏡頭餵假新聞，丟一些骨頭給狗仔隊撿來吃，處心積慮卻仍舊盼不來狗仔隊；相反地，紅起來時，卻要狗仔隊滾得越遠越好，可是濕手沾麵糊，怎麼都甩不開。**人為什麼會痛苦？就像這樣，總是在錯誤的時間，做錯誤的期待。**相對地，「加害人」狗仔隊開心了嗎？答案是並沒有！

我有一位媒體朋友是狗仔隊，他的痛苦不輸給明星藝人！新聞系畢業時，卻碰到媒體寒冬，找不到合適工作，後來終於有一家雜誌社錄用他，跑娛樂新聞，美其名是專題組，其實是狗仔隊。他之所以被錄取，不是因為他是新聞科系背景，而是年輕，可以蹲點二十四小時；還因為他個兒高，搶得到別人拍不到的畫面；更因為他強壯，看起來幹架時足以唬人。媒體主管還說：

「如果不是你長得人高馬大，我們可不愛用新聞系的，理想過高，跑不出新聞！」

做了兩年多，他終於承認自己跑不出新聞來，學校念的那一套專業原則深入他的骨髓裡，而狗仔隊的SOP裡任何一個指令都嚴重違反它們，一籮筐鳥事讓他反感難受，比如在藝人家門口跟上三天兩夜，吃喝拉撒睡都在車上；或是藝人在夜店狂歡時，衝進去咔擦咔擦地拍；或是飆車跟蹤，一路被甩，幾次差點發生車禍⋯⋯。

「真是鳥！這樣追新聞，找一個流氓都比我做得好，何必念新聞系？」

換個角度，事情就會大大不同

明星藝人覺得狗仔隊跟拍是討厭的鳥事，其實狗仔隊對跟拍也覺得很鳥，誰也沒有占到便宜，而工作就是這麼鳥事一堆，讓人痛苦！

在公司裡，鳥事更多！有的要輪值洗辦公室馬桶，有的伺候皇親國戚，有的聽碎念的主管說上一小時，有的忍受客戶的謾罵，有的提防被合作廠商坑殺⋯⋯太多太多，家家有本難念的經，越是外表風光越是鳥事多，要不然去問一問鴻海郭董，他做的鳥事一定更多，受的鳥氣也不少！

那麼，換個角度去面對，鳥事說不定會變成美事一樁！想想看，霍建華如果轉身是回超商花二十元多買一瓶飲料，走過去遞給狗仔隊喝，新聞內容將完全不一樣：

「暖男霍建華，人帥心更美，買飲料給蹲點二十四小時狗仔隊，粉絲飆淚……」

在工作中，鳥事一直都在，抱怨只會讓別人看到自己的無能、愛生氣，以及氣度狹小；也許將心比心，感受到對方的難處，就不會糾結於自己的藍瘦香菇（網路用語，意為難受、想哭），在態度上顯出高度，在做法上顯出智慧，各退一步海闊天空。

【採取行動】面對工作鳥事的委屈，你可以這麼做——

工作就是鳥事一堆，不喜歡的比喜歡的多。有本事的人不是自覺委屈，而是採取行動，站在對方的立場，發揮同理心，了解其難處，給予包容，提供協助，讓敵人變朋友，鳥事變美事。

想做事，也得會做人

社會上，當官的不見得是意見領袖；職場裡，也有些人職位低，江湖地位卻很高，不要得罪他們，否則會遭到杯葛，虎落平陽被犬欺，難免要嘔氣。其實，你不必這麼委屈……

明星再大牌，都知道有兩種人不能得罪，第一名是攝影師，他可以把一百八十五公分的帥哥，拍成只有一百六十五公分的矮個兒，第二名是記者，他會把這張照片刊出來，還放大，並加上標題與圖說，網路瘋傳，讓全世界都以為本尊只有一百六十五公分。

在職場裡，也有一些人身上掛著牌子寫著「不要惹我」，他們不見得兇神惡煞，卻絕對是一號人物，在一些致命關鍵上，掌握生殺大權，立判生死。

所以，**新人一到辦公室，第一件事就是要察言觀色，看出每一個人在這家**

公司裡的江湖地位。請注意，不是職位，而是江湖地位！

可惜的是，很多年輕人偏偏不信邪，以為做事比做人重要，沒有本事才要花心思在做人上面，只要為組織好，沒有得不得罪的問題。殊不知自己加不了薪、升不了官，就是卡在這個牛脾氣上。

無法識別的小人物，可能是一流殺手

首先，萬萬得罪不起的第一號人物是老闆，第二號人物是主管，第三號人物是老闆的親信或家臣。可是，這些大咖，誰都知道敬畏三分，比較不容易成為隱藏版地雷，怕的是「閻王好惹，小鬼難纏」，因此最重要的是找出難纏的小鬼。

偏偏有些「小鬼」位居基層、外表和善、態度溫良恭儉讓，容易被輕忽，無視他們的殺傷力。

Kelly剛到這家二十多年歷史的公司，資深員工多，關係盤根錯節，一時無法理清楚。除了默默觀察外，本著與人為善的態度，對人客氣有禮，才一上任，Kelly被交派一項專案，必須和另一個部門的基層主管Scott密切合作。

在互動過程中，Scott雖然位階比Kelly低，但是掛著一張撲克臉，說話還有些衝，Kelly不以為意，儘量配合Scott做事。當時正值中秋節，老家寄來五十年老欉麻豆文旦，Kelly請Scott和同事分享。事隔一年後，有一次老董事長向兒子總經理提到Kelly這個人：

「二十多年來，我從沒聽過Scott稱讚別人，Kelly是第一個，非常不簡單！想必Kelly有過人之處，兒子啊，你有注意到嗎？」

這番詢問輾轉傳到Kelly耳裡，傳話的人還加註：「你不知道喔，Scott是第一代員工，和董事長一起打天下，全公司Scott只聽董事長一個人的話，有時連總經理都會被嗆回去……」

Kelly這才知道，Scott在公司裡位階不高，卻是一號人物，有其江湖地位，影響力不容小覷。

圈子很小，一個也得罪不起

Monica在美國剛拿到博士學位時，到一所大學任教。有一天，一位資深人員踩到她的地雷，一向堅守原則的Monica找上對方理論，結果相持不下，不歡而散。就在Monica要祭出下一招，告到校務單位之前，系主任現身她的辦公室，送上一句話：「你所在的圈子很小，而你的職業生涯很長。」

連自由派的美國學術界大老都這麼想，讓Monica深感震撼，決定暫時收手，休兵止戰。十年過去了，Monica發現系主任的話符合實情，系上人員看似來來去去，卻都是老面孔，的確是小圈子，誰都得罪不起。

後來，Monica回到台灣擔任企業人資主管，也發現即使員工數千名的大企業，人員來來去去，握有實權的一直是某些人，每隔一陣子從A公司跳到B公司，仍然處在一個小圈子裡。在企業工作十年後，她再悟得一個真理：

「一個人能不能成功，一五%靠做事，八五%靠做人，人際關係的處理至關重要。」

三種人得罪不起

部落客作家青小鳥曾為文指出，辦公室有三種人不能得罪，寫得鞭辟入裡，值得參考！

第一種是穿居家拖鞋的人，把公司當作自己家，絕對是骨灰級的資深人物，內功深不可測，抓得住公司眉眉角角，擁有必殺密技，輕輕吹個氣，敵人就化為一灘水。

第二種是集體行動的人，一起團購、一起用午餐、一起下班，假日一起帶孩子去露營，得罪一人就是得罪一掛。

第三種是庶務二課的人，他們是老闆的祕書、總機、櫃檯接待、人事、行政、總務、財務、資訊人員等，雖然薪水不高，卻握有實權，可以壓件、可以擋你辦事、可以讓你見不到老闆、可以不告訴你一些潛規則，讓你一件事情也處理不好，還看得到你的全部祕密。更可怕的是，他們是公司的資訊來源，輕鬆傳一句話足以殺人於無形。

即使如此，仍然防不勝防，最後還是回歸到做人的基本道理，掌握以下三個原則，就不致得罪人而不自知。

1. 眼利

初來乍到一個新環境，先不要發聲或動作太大，而是靜下來察言觀色，罩子放亮，就不會被認為白目。

2. 心細

善體人意，貼心入微，這種用心特別容易讓人感動，並且記得長長久久。

3. 嘴甜

人人都喜歡聽好話，適時稱讚別人，是邁向好人緣的第一步。

新人，新人，重新做人！到一家新公司，別忙著做事搶功勞，先和大家建立良好的人際關係，把地雷掃乾淨，以後就好做事了。

【採取行動】面對受制於複雜人際關係的委屈，你可以這麼做——

職場裡，總有一些地下領袖，權力不小，有本事的人不是自覺委屈，而是採取行動，待人以誠，一視同仁，也懂得察言觀色，在不違背正直與善良的前提下，改善關係，與之共處。

有一些好，永遠不會被感激

主管不是神，很多主管不如預期的能幹有魄力，遇事懦弱，缺少擔當，做他們的屬下不僅會感到無助被欺壓，碰到不公不義時，還得概括承受，令人無法忍受。其實，你不必這麼委屈……

有一位粉絲來信向我求助，因為她有一個困擾，不知道怎麼處理。而這個困擾是一個常見的問題，很多上班族都會碰到，尤其剛進公司的新人，或剛進職場的新鮮人。

這位粉絲認為，主管在工作分配上勞逸不均，而她是工作量吃重的一方，幾次向主管反映，主管都說：

「對不起，委屈妳了！」

「辛苦妳了，讓妳常加班。」

吃虧是福，但總吃虧哪來的福

可是接下來，主管並無進一步動作，似乎無心改善，粉絲認為自己該做的都做了、該說的都說了，接下來完全想不出招，不知如何應對，並懷疑自己再這樣下去，有一天會在辦公室演出情緒大暴走。

她也曾拿這個問題請教一些前輩，大家都要她隱忍，並不斷給她洗腦，吃苦當吃補，吃虧就是占便宜，趁著年輕時多做多學，學到等於賺到，要懷著感恩的心情，謝謝主管的不合理磨練，將來這些付出都會回報到自己身上。

「能者多勞，表示主管信賴你、重用你，給你更多機會學習。」

「十年後，你會感謝主管，發現他是你一生的大貴人。」

這些金玉良言，雖然最終都會被證明是經得起時間考驗的真理，可是此時此刻卡在「公平正義」的坎上，沒有人的心情是過得去，耳朵是聽得進，但一肚子委屈，實在無法心平氣和繼續「被壓榨」，並把敵人當作貴人看待。

想要改變主管，還不如自己改變

勞逸不均背後因素很多，但是如果問題長期存在，主管個性軟弱不處理就是主要原因。這種主管不少，可是既然軟弱就不可能硬起來。

屬下能做的就是讓自己變得聰明有智慧，逆勢而為，扭轉局面。要知道，一個巴掌拍不響，主管之所以不敢公平處理人與事，除了他的個性軟弱外，也因為你的軟弱或不夠聰明，才會促成這件事的發生，所以真正要改變的人的是你，不要再當濫好人。

好人，要贏得喜愛，更要贏得尊敬！在所有形象中，最讓人可以接受的形象是「正直的好人」，如果讓別人認為你心中無私不為己，凡事為公司著想，追求公司的最大利益，那麼你說的話才會讓人覺得客觀、中肯、可信賴。

濫好人，通常是一開始在受到不公平對待時，全盤說「是」，等到情緒累積到一個臨界點，才崩潰大喊「不」，這種前後不一致的行為，不會有助於其他同事回想過去你受到的種種非人待遇，而是莫名其妙，感到你的情緒管理不當，甚至和主管站在同一陣線，批評你配合度低、愛計較、挑工作等。

成為一個敢說「不」的正直好人

正直好人不一樣，他們的言行前後如一，對於「工作內容」與「工作量」有清楚的認知，在合理之餘保有彈性，可以配合公司需要，但是逾越一定的分際會加以拒絕。態度前後一致，標準明確，拉出一條底線，同事不會有莫衷一是的困擾，這是人際互動的一個重要原則。

不過，正直的好人不只要有一顆正直的「心」，還有一副正直的「形象」，請掌握以下原則：

1. 請在公開場合表明態度

不要在私底下拒絕主管，因為個性軟弱的主管只會私了，就是會「欺負好人」，要配合度高的屬下吃下額外的工作，所以最合適的場合是會議中提出。

2. 請顧及主管的威信

目的是做球給主管接，而不是打主管的臉，說話態度與用詞都要顧及主管的顏面，不著痕跡地丟出一個好球，最好要讓主管覺得球是他發出來的，大家配合他接球。有幾次良好的經驗之後，主管就學會公平分配工作。

3. 請站在公司立場發言

不只要心平氣和，還要讓同事感受到一股凜然正氣，知道你是真心為公司好。這些話，如果不習慣會覺得惡心，但是它們就是漂亮的場面話，在職場一定要學會說，且說得順口。比如說：

「這是公司的重要任務，我認為大家一起做，會比我個人負責更容易達成目標。」

「這件事可以為公司帶來長遠利益，我很希望多做貢獻，可是Alex在這一方面更擅長，我們可以一起協助他完成。」

面對軟弱的主管，生氣不如爭氣，抱怨不如改變，而且改變的不是別人，是自己！這才是真正有信心、有能力的人，證明自己比主管聰明有智慧，最終受益的一定是自己。

【採取行動】面對主管能力不足的委屈，你可以這麼做——

主管再無能，還是主管，不要挑釁他們的權威，有本事的人不是自覺委屈，而是採取行動，態度得體、說話合理，幫助主管做出正確決定，讓他有面子，為自己盡力挽回不利局勢。

請假也需要適應與學習

休假，不就是法定的權利嗎？可是連總經理都不敢休長假，有的還沾沾自喜從未休過假，這下子尷尬了，每年出國旅行一趟是去還是不去？其實，你不必這麼委屈……

台灣人的奴性真的很重，我們一直不願意承認自己是這樣子的人，可是在新政府執政以來的勞基法修正過程中，小英總統不小心打開了潘朵拉的盒子，逼得大家不得不面對，才恍然大悟：「啊！原來多數台灣上班族竟然連『特休假』都不敢休完、休滿……」

這波改革過程中，小英總統為勞工的休假定調，砍掉國假七天，朝向放寬特休假的限制，沒想到勞團不領情並舉牌抗議，連網站上的論壇如PTT也吵成一團，而原因大出意料之外，居然是——

「國定假日不必請假就可以休，休得理直氣壯；特休假根本不敢請，給再多也沒用！」

離職前才能把特休假休完？

過去，尤其在年底，很多上班族手中握有一大把特休假加補休未休，卻是心裡有數，到了十二月三十一日全部都得吐出來，退回給公司。趕在年底前能夠「儘速消化掉」特休假的公司，以外商為主；至於其他本土企業，大家都是沈默一片，打算跟往年一樣乖乖繳回，免得影響公司對自己的印象觀感，而壞了年終考績，損失更大。

這齣「內心戲」恐怕是小英總統始料未及的。當時她認為，紛紛擾擾的國定假日該休幾天不是問題的核心，特休假才是改革的關鍵。依照理論說來是沒錯，但是也看得出她並不了解台灣勞工內心的糾結。

據yes123求職網有一年十一月做的調查，雖然逼近年底，只有六分之一的上班族休完了特休假，逾半數有休過但還沒休完，三成是一天也沒休過，總之有超過八成的上班族當時手頭上有年假待消化。其中原因，四分之一的人認為老闆或主管不喜歡員工休假，兩成則擔心會影響年終考績，所以不敢安排休假。

一般來說，勞工對特休假的認定是用來休長假的，比如出國旅行、做整型手術等。而調查結果指出，台灣上班族都希望一次可以平均休到九・四天，不過真正休假時，會自動縮減到四・八天，若是扣除週休二日（還不算連續假期），一次平均最多只會請二・八天的特休。而老闆能接受的天數是多少？只有五・一天！因此，膽子小的就拿來抵遲到或生病用，不敢休長假。

「我只有一次休完、休滿，那就是離職前。」在ＰＴＴ，有人說出這個心聲，獲得不少認同，紛紛說：「我也一樣！」

總經理，是全公司最沒膽子的那個人

把這樣的奴性發揮到極致的，並不是年輕屬下（因為流動率太高，特休假少到不足掛齒），反而是高高在上的總經理，上行下偃，塑造出台灣特有的職場文化。

那一年，Brenda換工作，按照勞基法規定，未滿一年是沒有特休假，可是公司還不錯，按照比例給了四天，她想：「啊，完全沒有想到，撿到了便宜」，在一絲溫暖緩緩流過心中的當下，很快地她就意會到高興得早了一些，因為這個特休假可能是「看得到，吃不到」。

Brenda經常要陪總經理宴請客戶，有一次對方是總經理的多年球友，交情匪淺，一杯紅酒下肚後，很多肺腑之言流露了出來，結果聽到總經理頗有感慨地說：

「太太孩子都吵著要去歐洲，我說不行，因為行程都是十二天以上，休太多天，不敢跟老闆提啊！最後決定去日本，五天來回，天數剛剛好。」

「你是總經理，都不敢請假了，底下的人怎麼敢請假？」

「就是因為總經理，才不敢請假啊！」

越高階，越怕休假回來後沒位子

同仁私底下都謠傳總經理年薪六百萬元以上，可是十年來，Brenda只聽過他帶孩子與太太去過日本與新加坡，每次用特休假不逾五天。

總經理並沒有因此對屬下有較多的同理心，反而是擺出多年媳婦熬成婆的姿態。剛滿一年時，Brenda有七天特休假，正好也碰上連假，興沖沖地計畫去歐洲旅遊，行程十一天，卻被批回，原因是——

「沒有人是一次請十一天假的，更不用說新人，太不自愛了！」

「可是，我並沒有請假！這些都是該休的假，特休七天加連假三天，再加一個星期日，正好是十一天。」

Brenda一一數來，總經理煩了，不禁脫口而出以下這一番屬於組織上層的心裡話：「特休假？它只是擺著好看的，沒有人把它當真，你真是職場新人！」

這個費盡口舌爭取休假的過程，讓當時二十八歲的Brenda抱怨：「是公司欠我特休假，怎麼弄得好像我欠公司似的？」可是十年過後，Brenda升遷到中階主管，她發現自己的心態也跟著變了，越來越不敢休長假，於是得到一個心得：

「台灣人有休假恐懼症，越高階越嚴重，害怕被老闆發現自己其實沒那麼重要，休假一回來，位子不見了。」

寧願當小狗，也不要當大象

除了擔心老闆不開心外，中高階主管憂慮的其實是有被取代的危機。這種心結，不惟在一般職場，在演藝圈更是常見。

有一次，與我同台演講的是一位演員兼節目主持人，她告訴我，出道十六年，未曾請過一天假，即使病倒也是掛著點滴工作；就算前一天錄影到凌晨四點，只睡兩個小時，仍然準時出現在清晨六點的通告現場。原本我以為她是意志驚人，後來看到藝人六月的新聞，生產後想回到原主持崗位，卻被告知「繼續休息下去」，才讓我恍然大悟，年近四十歲的她背後應該還有一層深深的隱憂，擔心女主角換別人做、麥克風換別人拿。

不論是那一種原因，**死抱著七天國定假日不放，對於特休假不屑一顧，照見的是台灣職場深層的悲哀，那就是奴性。**

一般員工就像馬戲團裡的小象，從小被一條繩子拴住，它是一些不成文的組織氣氛與企業文化，直到長成大象，仍然不敢掙脫細小的繩子，只會待在房間裡一動也不動，可是老闆對於大象這龐然大物卻視而不見，只注意到在不同房間跑來跑去的小狗。活動，活動，會動才會活，當一隻會請特休假的小狗，經常來來去去，都比不請特休假的大象來得有生命力，也動得出未來的潛力。

從今天開始，請記起來你已經長成大象了，底線由你來決定，別再受困於這條受到詛咒的「特休假繩子」，今年請五天假，明年請七天假，後年請十天假，逐漸增加天數，就會發現馬戲團老闆也會學習，並且逐漸習慣與適應。

【採取行動】面對不敢請假的委屈，你可以這麼做——

不敢休長假，是企業的普遍文化，有本事的人不是自覺委屈，而是採取行動，創造自己不可取代的價值，並且懂得循序漸進，從短天數逐漸加長，讓主管與同事慢慢適應。

「過度服務」只會害死你自己

主管是老大，客戶則最大，面對他們無理的要求、拖延等壞習慣已經嚴重影響到生活作息，沒有自己的時間，沒有生活品質，還要敢怒不敢言嗎？其實，你不必這麼委屈……

「我不幹了，再做下去，會被這些『慣客戶』給玩死！有錢就是大爺嗎？」我的朋友Julie在被客戶整慘之後，覺得做的工作毫無意義可言，提出辭職，並撂下這麼一段話。

客戶給錢最大？

Julie在公關公司任職，負責購買廣告。有一天請假，帶爸爸上午看病，下午復健，早早跟客戶告假，前一天則是做到晚上十二點才下班回家，一切安排妥當，可是隔天出門前，客戶line說他的老闆要修改廣告排期，三天後上檔，非得緊急處理不可，否則來不及。面對預算數千萬元的大客戶，Julie能做的就是將中風的爸爸交給行動不便的媽媽帶去看病，自己留在家裡改案子。

和客戶來來回回溝通，直到晚上八點全部敲定，也給對方老闆確認過，鬆了一口氣，但不到一小時，對方卻再度來電翻案，居然是維持原案！Julie不禁抓狂，氣到把iPhone從十三樓往下摔。

鬧劇終於結束，從客戶公司、Julie公司到各家電視台，牽動幾十人繃緊神經十四小時，卻是通通白做！可是雙親不諒解，直罵她工作狂、不孝順，害得Julie情緒大崩潰，隔天就遞出辭呈，不想再跟被慣壞的客戶繼續「玩」下去，害怕有一天會被「玩」死！她說，自己非常喜歡這份工作，也努力做到專業，但是——

「沒辦法忍受客戶無止無盡的剝削，總是為了一些看不到也沒人在意的細節，要求我們做到死為止，冷血到令人心寒！」

像Julie這樣的上班族多的是！每天被工作追著跑，沒有父母，沒有朋友，沒有人生，主管還不斷要求他們提高工作效率，於是大家想盡辦法手腳加快，在最短的時間內完成工作，以為就可以準時下班。結果不然，工作絲毫不減，還越來越多。到底那裡出錯了？

養過倉鼠嗎？答案在這裡！

更快完成，只會讓更多工作掉到頭上

心理正常的飼主通常不會只是滿足於「看」倉鼠賣萌，直呼可愛而已，他們還會買玩具「玩」倉鼠，最常見的是跑輪。一開始，倉鼠會搖搖晃晃站不穩，慢慢地越跑越順，飼主不自覺地會產生一種為人父母的成就感，「哇，會跑了，好棒！」不過，會跑是不夠的，飼主很快就不滿足，唯有倉鼠越跑越快，飼主才會再度興奮起來，像運動場邊的教練按著碼表，催促著潛力十足的選手百尺竿頭更進一步，追求無限極速。

「好棒，再跑快一點，馬上就給你好吃的！」

當倉鼠累了，有力氣的會自己跳下來，力氣用盡的就趴在跑輪上不動，然後碰的一聲被摔出，跌落在地板，證實是過勞死之後，飼主當然會傷心，閃過一瞬間的人性光輝，自責一下子，然而轉頭之後，這段不痛不癢的悲傷很快就被忘記。

是不是熟悉到雞皮疙瘩掉滿地？沒錯，**倉鼠的跑輪人生，正是你我的職場寫照。那些倉鼠教會我們的事，就是不斷加快速度的結果，只會讓更多的工作掉到頭上**，逼得我們非跑更快不可，陷入「高效率無限迴圈」裡，最後變成「勞逸不均」的受害一方，情緒更糟，日子更難過！

因此，改善工作效率，不是跑得更快，而是揪出誰送來跑輪，他們就是被慣壞的客戶！慣客戶看起來都不像冷血殺手，反倒是像在一旁拍手叫好的熱血教練，要你這邊多做一點、那邊多做一點，因為可以「讓工作做得更好」！問題是，多數時候，這些更好的部分，根本肉眼看不出來，但是他們堅持「魔鬼藏在細節裡」。

一例一休，嚇得客戶學乖了

最近我們碰面，Julie變了，不只神情從容、姿態優雅，而且氣色紅潤，難得出現笑容，我以為她是談戀愛了，沒想到她說：

「感謝一例一休，救了公關業，也把我從地獄救了出來！」

怎麼會？自從一例一休上路，罵聲連連，還有南投縣長為了拯救中部觀光業，喊出不配合中央政策實施，還嗆聲：「只要不被關就好！」這是我第一次聽到有人盛讚一例一休，究竟是發生什麼事，我也好奇得很。

Julie說，這次一例一休上路，媒體累篇成牘地大肆報導，把勞工教清醒了，知道責任制是不對的，加班要有加班費，至少一・三倍，碰到假日則是二倍以上，加上政府勞動檢查頻繁，風聲鶴唳，企業無不緊張，要求員工準時下班，以免增加成本。當客戶要求趕案子或修改，老闆就會把增加的人事費用加到客戶頭上，有的客戶會埋單照付，有的會撤掉原議以免多花錢，怎麼說就是比以前「乖」多了！

「我現在領到的薪水比以前多，工作時間卻比以前少，當然開心啊！」

三招對付「效率小偷」

實施一例一休，看來是幾家歡樂幾家愁，講求高度專業的白領上班族有可能是第一批先蒙其利的幸運者，至於「誰偷走工作效率」這件事，一定要全面覺醒。**過去我們會反省自己，努力加快速度，但是極有可能的情形是別人偷走我們的效率，還回過頭罵我們效率低。**面對工作效率低落，以下是三個建議：

1. **揪出「效率小偷」**

這種人不出三種：無能的主管、低能的同事，以及超級機車的客戶。

2. **關上「效率後門」**

別人之所以偷走效率，是因為我們忘記關緊後門，比如疏忽檢查與確認，才會讓對方有機會改來改去，浪費時間。

3. **祭出一例一休**

只要推說：「一例一休之後，都要算加班費，否則會遭到員工檢舉，罰更多錢」，通常對方會自動收手，不再無止盡的要求下去。

被主管責罵工作效率低時，自我反省是一定要的，也別忘記檢討別人，有可能是錯在客戶。客戶雖然最大，但是不能慣壞，要適時給他們學習並改進的空間。

【採取行動】面對不合理付出的委屈，你可以這麼做——

工作上有不少效率小偷，有本事的人不是自覺委屈，一味加班，而是採取行動，緊守底線，婉轉堅定，給一個好理由向對方說不，讓他們心服口服，同時學會自我負責。

第三部

不安不過是部分的人生

承認吧，人的一生就是在不安中度過，它不是什麼時候會來，而是一直都屬於我們生活的一部分。尤其是三十歲以後，不時遇到人生重大轉折與抉擇，不安更是日常。我們要做的，就是去明白不安的原因，建立自己的價值，不安自然就會消散。

焦慮可以是一種動力

我們一直有一個很深的焦慮，害怕一事無成，害怕被同儕遠遠甩在後面，老是覺得自己的表現不如預期，對不起自己，壓力大到不行。其實，你不必這麼委屈……

過了「三十而立」之後，年紀變成焦慮的來源，一直累積到三十五歲，便會整個大爆炸，有一種天就要塌下來，世界就要毀滅的恐慌。

三十四歲的同事Alex想要離職去創業，問我的意見。他在美國念了兩所大學的碩士，是美國企業最歡迎的畢業生前十大之二，在公司擔任主管，想法新穎，認真踏實，表現優異，即使如此，面對三十五歲仍然惶惑不安。

三十五歲一事無成，馬上就要四十歲……

「都已經三十五歲了，沒有自己的事業，沒有自己的房子，沒有自己的家庭，再繼續給人當打工仔，這些事大概都辦不成。」

他談起自己的爸媽攜手創業有成，從事南美洲貿易，爸媽認為Alex的語文佳、能力優，當上班族沒有出息，連房子都買不起，應該接下家裡的事業。他之所以猶豫，是因為現在的工作既是所學也是最愛，難以割捨，可是三十五歲好像不是談理想和做夢的年紀，應該理性面對未來的現實人生，比如成家立業、購屋置產等，而現在的工作無法完成這些社會的世俗目標。

在認真評估Alex的各項條件之後，我鼓勵他給自己三年時間去創業，因為三十五歲已有大約十年的工作資歷，人格或能力都堪稱成熟，想法與行動則還保有活力衝勁，是非常適合創業的年紀。

「可是萬一失敗了，再回頭做上班族，都已經中年，會不會沒有工作機會？」Alxe無法掩飾自己對即將邁向四十歲的憂慮。

我堅定地告訴他，三年後他也不過三十八歲，依照他的學經歷條件，這個年紀求職仍有機會。結果，他就在三十五歲生日那天遞上辭呈，創業去了！

後青年危機？前中年危機？

這是一個晚熟的世代，因為求學時間拉長，社會化得晚，成熟得也慢。重要的人生大事一件一件往後拖延，到了三十五歲，職涯時鐘的鬧鈴突然大響，有如在寒冬硬生生把還在被窩裡睡大頭覺的自己挖起來，當頭澆下一盆冷水，不清醒也難。

三十五歲的後青年中，多的是還在摸索人生方向、還未確定從事的職業、還沒決定是不是要創業、還不敢想結婚或不結婚、還在想住在爸媽家或買房子、還在猶豫要不要回家鄉工作……所有狀況都處於不穩定和不確定，可是都已經三十五歲，沒有人會把自己當年輕人看待，而是認為快到中年，應該要拿定主意，亮出成績。社會期待越來越深切與急迫，「後青年危機」於焉產生。

「都已經三十五歲了，一事無成，真是令人著急！」

可是當「後青年危機」還燙手未解時，「前中年危機」已悄然掩至。

中年危機一向指的是四十至四十五歲，但是現在的三十五歲世代卻是提前超有感。隨著景氣循環快速、產業更迭頻繁，中階中薪的工作日漸減少，中年失業人口大增，眼見才長幾歲的前輩生涯已經在走下坡，放無薪假、裁員資遣、優離優退、降級減薪……人生剛起步十年的三十五歲世代不禁驚出一身冷汗，感到「前中年危機」的龐大陰影一天一天逼近，心裡想著：「下一個不就輪到我了嗎？」

有危機感，才不會墮落

「後青年危機」和「前中年危機」正好在三十五歲做死亡交叉，兩股壓力同時襲來，令人難以承受，於是出現「三十五歲危機」的新現象。三十五歲夢魘，究竟是午夜夢迴，一場空夢，還是日有所思，夜有所想的真實存在？

在就業市場，不論台灣或中國，三十五歲危機的確是真實存在，一般職缺或基層主管位子普遍鎖定在三十五歲以下，邁過三十五歲有工作機會變少的趨勢，可是這種招募文化也會出現特例，並非絕對奉行不悖。

實力依然是就業市場的不二保證，擁有關鍵性技能或管理職經歷者，在

三十五歲持續炙手可熱，時間是他們的好朋友，年紀代表的是資歷；對於技能普通、實力平平的人，時間是他們的敵人，年紀代表的是包袱，三十五歲是一個難捱的關卡。

不過，警鈴大作並非從三十五歲開始，早在五年前三十歲時已經讓人驚醒過一次。「三十而立」的生涯觀念深深烙印在一般人的腦海裡，自三十歲之後，每五年就會警鈴大作一次，三十五歲是第二次，未來四十歲、四十五歲、五十歲都會再叫得震天嘎響。

這是一件好事，當老人家每逢十年做一次大壽時，上班族也要每五年或十年給自己來一次冰桶灌頂，對未來存有強烈的危機意識，保持清醒狀態，勇敢面對日益劇烈的職涯起伏。

至於三十五歲是雙危機夾殺的年紀，只不過是社會統計在設定年齡層上的一個巧合罷了，一點都不必過慮。「青年危機」指的是二十至三十歲，因為現代人晚熟，有延後至三十五歲之勢，出現「後青年危機」；至於「中年危機」指的是四十至五十歲，因為職涯不安定，讓人在三十五歲就已經有山雨欲來風滿樓的緊張，而出現「前中年危機」。

別再讓這些名詞嚇著了，重要的是累積實力，讓年齡變成優勢，做好準備，讓危機變成再上一層樓的轉機。

【採取行動】面對年齡壓力的委屈，你可以這麼做——

這是一個晚熟的世代，但是也不必視為理所當然，就放慢步調過人生。有本事的人不是自覺委屈，而是採取行動，每天不間斷累積看似不怎麼樣的小小成就，直至關鍵年紀堆砌出一個大大的里程碑，活出精彩人生。

請理解
沒有人必須對你好

每個人拿到的人生劇本都不相同，有人的苦難演在前面，年紀輕輕嘗盡冷暖，身心疲憊，懷疑這一生是來受懲罰，上天把他遺忘在角落。其實，你不必這麼委屈……

「被開除的那一天，我有一種感覺，就是這一輩子的福氣在三十歲全部用完了……」

我的朋友Oliver是一家公司的副總經理，位高權重，年薪兩百萬，看著他滿面春風、走路有風，極難想像十年前他曾經在職場上重重摔過一跤。三十歲生日的前一個月，因為犯了一個事關品格與誠信的錯誤，被公司狠狠開除，對他永遠關上大門。當時這件事傳遍業界，不只讓Oliver抬不起頭來，也走投無路，求職到處碰壁，沒有一家公司要用他。

福氣，都是在不自覺時用完的

Oliver是少年得志的典型，退伍後到了一家新創公司，因緣際會趕上一波新的潮流，跟著公司一路起飛，從小企劃做到行銷主管。可是同時也患了大頭症，逢人就說公司能有今天的發展，一半是靠他的創意行銷與媒體造勢；再加上其他同事眼紅與咬耳朵，讓老闆深感功高震主的威脅，心生忌憚，兩人漸行漸遠。但是Oliver渾然未察殺機已種下，也未低調收斂，仍然搶在鎂光燈前面，而且還在外面投資一家設計公司。

直到有一次中秋節，公司要送客戶一份特別的禮物，Oliver找來自己的設計公司提供免費設計，他還自覺是幫公司省下設計費，卻在這裡栽了跟斗，因為這一份禮物上面印著一行字：「設計／某某公司」，他就被以公器私用為理由開除了。

我們都懂，欲加之罪，何患無詞？事情其實也可以不必這樣解讀，問題是當時全公司沒有人跳出來幫Oliver仗義執言，大家早就私底下恨他恨得牙癢癢，終於有機會可以把他拉下馬，那有手軟的？馬上再往井裡多丟幾塊石頭。

「囂張沒有落魄久！」在他離去後，這是同事最常拿來互勉的一句話。

福氣撲滿，幫他走過落魄的日子

落魄過、頹廢過，曾經有一種被世界遺棄的絕望與孤獨，連減薪或降職都求不到一個工作機會，在家待業長達九個月之久。今年在他被開除的十週年紀念日，Oliver邀請我們幾個好友到家裡小酌聚聚，趁著酒酣耳熱之際，大家起鬨鬧著要他坦白從寬，老老實實交代這十年的感想心得。

結果Oliver端出一個餅乾盒子，告訴我們都放在裡面了，好友們立時傻眼，不過是一個尋常的餅乾盒子嘛，那能裝得下十年的恩怨情仇？

盒子一打開，盡是五顏六色的小紙條，飄落幾張掉在地上，我撿起來讀，心裡滿滿是不捨與心疼，都是一些要費盡心神與力氣才做得好的事。比如：幫公司找到一家從未交易過的大客戶、給屬下辦一個難忘的生日派對、與曾在自己背後捅一刀的對手和解……顯然這十年他是充滿自覺地度過每一天，沒有一天是踩在軟軟雲端虛虛地度過。

「這些紙條是我的幸運籤，都放進這個『福氣撲滿』裡。」

每天晚上睡覺前，Oliver會努力回想一天的所作所為，有做到一件會帶來福氣的好事，他就寫一個幸運籤丟進去；相反地，有一件事會折損福氣，他就會拿掉一個幸運籤。每天就這樣過著加加減減的日子，高度自省與自律，難怪他可以谷底翻身，奪回榮耀的光環。

「三十歲之後，我才知道福氣是會用完的，不能坐吃山空，要開始種一方福田，於是我展開培福的新人生。」

回顧前塵往事，Oliver說，他很感謝三十歲前夕被開除，讓他整個人醒過來，知道要珍惜福氣，否則他會一直自以為是，任性無感地走過後來的十年，把自己的未來前途全部葬送掉。

在新人期，你會有滿滿的福氣

三十歲前，還年輕，大家當你是菜鳥，多有包容，給特殊待遇，容許有犯錯空間，事後還會幫你加油打氣，安慰你：「沒關係，還年輕，多的是機會，我們再來一遍。」是的，這段摸索學習卻跌跌撞撞的日子，因為粗心而出錯，因為不聽話而吃虧，因為率真而得罪人，大家都心甘情願陪你走過，會讓人不由得以為這一切一切都是理所當然應該享有的，沒想到這是要珍惜與感謝的。

直到有一天清晨醒來時，現實世界突然變了，這些好人換上一張臉，不再對你和顏悅色、輕聲細語，也不再給你敲鑼打鼓、催油集氣，只不過是因為你三十歲了。

三十歲就用完福氣……退休年限卻一直往後延長，這一代極有可能會拉至七十歲，在職場才六或七年就用完福氣，面對未來漫長四十年，恐怕只剩下力氣可以用了，而**一個人光是靠力氣在職場打拚，不只是氣弱難以持久，生涯也會變得費力與折磨，事倍功半，勞多獲少，讓人沮喪鬱悶。**

靠福氣做事，最省力！

「人不輕狂枉少年」這句話適用在校園，不適用職場；適用三十歲以前，不適用三十歲以後。不論你怎麼解釋你的態度，是率真也好，是任性也好，是有原則也好，是不妥協也好，是有主張也好，是有態度也好……這些你自以為「獨特的個性」都請在畢業後還給學校吧，到了職場，它們只會快速折損你的福氣。

錢不花不算是錢，錢不賺也會人生走絕。一樣地，福氣是一個撲滿，要捨得花，才叫福氣！但是也要懂得珍惜並省著花用，這叫惜福。如果可以兼得的話，兩件事都要做，福氣要用也要存，做到培福。

福氣是人生裡的一陣順風，靠福氣做事，就是順著風走，生涯會省力；不靠福氣做事，就是逆著風走，生涯會費力。聰明的你，想要選哪一樣？

【採取行動】面對工作挫折的委屈，你可以這麼做——

每個挫折都有它的意義，未來都會還給你一個答案。有本事的人不是自覺委屈，而是採取行動，充滿自信，面對難關，去接受、去學習、去克服，然後變得越來越強壯。

接受自己，才會找到快樂的自己

從小不斷考試，長大之後，我們還在給自己打分數，再跟別人做比較，做不到一百分就不滿意，一心一意要在方方面面都拿滿分。其實，你不必這麼委屈……

我的同學離開外商之後，做了八年獵頭顧問，主要是幫大企業做中高階主管的獵才，常常需要花時間密室會談，了解被相中的人才對職涯發展的規畫與期待。他們都是社會上的頂尖精英，職銜漂亮、薪資優渥，全世界飛來飛去，人生過得精彩絕倫；不過我仍然不信邪，心想他們一定有美中不足之處，於是問同學他們最普遍的缺點是什麼，竟然得到這麼一個答案：

「不了解自己！不接受自己！」他接著說：「因為自我覺察力不夠，總是給自己設定了一個錯誤的期待。」

而這就是鬱悶的開始。對此我有深深的感受，因為最近有一位客戶就是如此，我花了點時間和力氣才讓他覺得不那麼鬱悶。

當後浪開始打過來……

這位客戶的公司是一家高科技企業，全體員工做了一項性格測驗，他的結果報告顯示團隊合作九十五分，獨立作業六十二分，他非常不能接受，覺得自己怎麼可能在獨立作業這一項低空飛過？這不就表示他自己沒有能力，績效表現全靠屬下幫襯。

「我是業務出身，十五年前一個人單槍匹馬，上山下海，拿過很多大案子，怎麼可能沒有獨立作業能力？」

性格其實沒有優劣與高下之分，一個人如果在某項性格拿高分，在反面的性格可能就會低分，比如創意力強，在細心度上就弱下來，這個結果顯示性格是一體兩面，拿到的分數有高有低說起來是比較「正常」。想想看，如果一個人在各項的正反面性格都拿高分，是非常可怕的事，因為他可能人格分裂、精神耗弱。

可是我們從小在各種考試中長大，被要求每科都拿高分，所以即使做性格測驗，一般人仍然很難從分數的陰影中走出來，尤其是有競爭性格的高階主管，當看到自己有些分數不高或低於屬下時，特別難以接受，第一個直覺通常是認為測驗不準。

不願意接受這樣的自己

我就告訴他，十五年前他是業務，如果團隊合作的性格高過於獨立作業，那麼他鐵定無法勝任，也爬不到這個高位；可是今天他是一位高階主管，領導數十名屬下，講究的是溝通協調、動員調度、整合資源，必須靠眾志成城，所以團隊合作拿高分代表他轉型成功，也表示他目前勝任愉快。

後來經我了解，這位主管力爭上游，個性好強，在每個領域都要勝出，而且進退得體，即使在言行上也絕對不失分寸，力求完美，因此當他在性格測驗有些項目得分不理想時，那種排斥感可想而知。

測驗目的是了解自己，很多人在拿到報告之後，第一個反應是「不準」，其實不是不準，而是「無法接受這樣的自己」。

在我們的價值判斷裡，性格有好壞高下之分，認為有些性格會讓人成功，有些會讓人走向失敗，所以我們極力去扭曲性格，裝得很像主流價值欣賞的人，可是我們並不快樂，老實說也裝得不好，最後也沒有預期的成功。

我也曾經排斥真正的自己，過得鬱悶不快樂。

性格沒有缺點，它只是鏡子沒照到的另一面

從小我就不愛說話，很多場合都很緊張，不知道該說什麼好。考上政大新聞系後更慘，全班都是積極求表現、一個勁兒說不停的活躍分子，相較於他們，我渾身上下看起來就是土和呆，於是自卑地縮回角落裡，安安靜靜過完大學四年。

畢業後，到兩大報工作，那時能進兩大報都是校園風雲人物，辦校刊、搞活動、選會長等無一不來，因此我的嘴拙缺點再度放大，同事聚會時，都要特別點名我發言，否則他們會發現我可以消音一整個晚上。

不論是大學或職場，周圍都是很會說話的人，我覺得他們好棒，任何場合都可以自然地發言，自在地表現自己。而坊間也不斷推出新書，教你說話讓自

己更成功，讓別人更喜歡你，那時候我真的覺得自己這輩子注定失敗了！

當眼裡只看到別人的優點時，會忘了自己也有優點。我不會說，但是很會寫，二〇一五年底開始定位自己是作家，努力寫文章之後，發現用寫作表達更暢快，終於可以接受嘴拙的本性，不再扭曲性格迎合這個世界，心裡落實多了。至於說話這件事，就交由會說話的人來做，他會做得比我好，而我只要單純享受寫作的快樂。

了解自己之後，更要能接受自己。**上帝讓一個人在某個性格是強項，反向性格就會是弱項，這樣人生才會獲致平衡，也才會跳出一個焦點讓你專注努力，最終才能有所成就。**享受你那與生俱來的強項，也接受你那別無分號的弱項，不要連性格這件事也要每一項都拿高分，饒了自己吧！

【採取行動】面對承認自己不完美的委屈，你可以這麼做——

人生不是來追求完美，而是追求更美好，有本事的人不是自覺委屈，而是採取行動，把最多的力氣放在突顯優點，不是用在改進缺點，做出差異化，展現個人獨特、吸睛的亮點。

夢想屬於自己，與工作無關

從小我們以為認真工作就可以完成夢想，長大才發現工作裡沒有夢想，若是有，也是老闆的夢想，不是我們的，於是覺得人生好苦悶，自己是個失敗者。其實，你不必這麼委屈……

打從一出生，Miranda就是人生勝利組！出生自社會上層的家庭，爸爸是醫師，閒來會拉小提琴自娛，而她是台大畢業，高挑美麗、時髦洋派，愛旅行也懂得享受人生，做了十年空姐，等到玩夠了就退下來，馬上被高薪禮聘到全球知名的頂尖精品品牌擔任品牌經理，台灣大陸兩邊跑，又是另一個風光的十年！

前面二十年，Miranda的職涯人生，不只是一帆風順，比起一般人更是豐富精彩、淋漓盡致，好不暢快！

當工作裡找不到夢想與靈魂……

誰知道，三年前，黑夜無聲無息到來，倏地把Miranda整個人籠罩住，再也找不到任何一個工作，這時她才發現到自己是一個「多麼喜歡工作」的人，一旦失去工作讓她頓失依附，找不到自我與立足點。

「以前，隨時手上都有兩三個工作機會等著我點頭，職位高，薪水高，現在卻是三年也找不到一個理想的工作。」

很多人過了四十五歲以後，都會有相同的經驗，找工作突然變得極端困難。這時候經驗正豐富、人格正成熟，一夜之間卻被社會拋棄，不再被需要。有一陣子Miranda深深自我懷疑：「我有這麼不中用嗎？」「為什麼別人看不見我的能力？」為了不要因此縮在家裡，她接受朋友的請託，一星期兩天到二手服飾店當店員。

環顧店裡，大小品牌都有，放得又擠又亂，連冷氣都捨不得開，偶爾路過逛進來的鄰里歐巴桑們問一些有的沒的問題，任誰都看得出Miranda的氣質與涵養和這家店是多麼地不搭調。

「我常常覺得，人在店裡，靈魂卻不在。」

起碼要把飯碗捧穩

這是條件高的人都會有的心境！追求自我實現與築夢踏實，企圖在工作裡找到夢想，以為職場是靈魂的落腳處，覺得「靈肉合一」才是理想工作。可是事與願違，即使曾經看似可以在工作中圓夢，久了也不知什麼時候開始變了調，離自己期待中的夢想越來越遠，心中再也不起一絲悸動。

也有年輕人滿懷高昂鬥志、滿腔熱血，到職場工作兩年三年、五年十年過去了，才發現多數工作就是一個工作而已，根本找不到夢想，無法給靈魂一個歸宿。

這樣的失落感可想而知，讓人不免開始自我質疑：「是我不夠努力去找到理想工作？」還是「我必須改變自己的夢想？」

以上都不是！並請停止自我否定，認清楚一個現實，**多數工作說穿了就是一個飯碗，根本無法容納夢想，就算有夢想也是老闆的夢想，和自己一點關係都沒有**，這是事實，不是費盡千辛萬苦尋尋覓覓可以改變的。

那麼，請從雲端走下，來到人間，正視工作最重要的一個本質，它就是飯碗，讓人經濟獨立、自給自足的一個依靠，先站穩這一步，填飽肚子後再談其他還不遲。如果連這一點都無法滿足，生活不下去，拖累別人，談其他則都是多餘，包括不存在自我的自我實現，以及八字沒一撇的夢想。

何妨把工作當作一個靈肉分離的修道場，一旦念頭這麼轉，心中踏實，不再虛無飄渺，也不再自尋煩腦。

漫畫家，居然從陪酒做起

我從圖書館借了一部電影《東京逐夢物語》，是日本漫畫家西園理惠子的自傳式電影，講她來到東京念美術大學與努力成為畫家的過程，其中最讓我震撼的是她的大學打工是當陪酒小姐。（喔，原來日本女大生陪酒這個風氣是真的，不是新聞誇張的……）

繼父失蹤，失去家庭資助，一個人在物價昂貴的東京生活，必須靠自己。面對活下去的生存底線，西園理惠子無法唱高調談理想，只能採取「靈肉分離」的策略，白天上課，晚上陪酒，夜裡回到住處再不斷畫呀畫，投入創作，奔向夢想。

可是西園理惠子畫得很爛，每個人都笑她毫無天分可言，到處投稿受到不斷退件與不留情面的嘲笑，即使如此，西園理惠子仍然不改其志，堅持要當插畫家。

後來有一家色情雜誌老闆看她可憐，施捨她一份工作，居然是畫做愛的動作，西園理惠子硬著頭皮接下來，從這裡當作起點，跨出職業漫畫家的第一步，最後雖然不是靠繪畫天分崛起，而是靠「無厘頭的好笑」走出一片天，也成功到必須請專家來幫忙節稅。

撞牆期間，請耐心等待

不論年輕或中年，不論工作了多久時間，總是會碰到撞牆期，在《易經》裡，每個人一生都會走到空亡期，有如墜入五里迷霧般，伸手不見五指，更不要說看見前方的路，在旁邊的親友會著急地一個勁兒搖頭說：「真是看不懂他在幹什麼！」就算卯足了勁努力奮鬥，結果還是求職不順或找不到理想工作。

所以，在鬼打牆的時候，不要談夢想、找靈魂，因為不會有的！還不如學學西園理惠子的靈肉分離策略，不在工作中追求自我實現（當然，陪酒是不妥的），而是在下班後追尋夢想，也就是說先讓需要吃喝的肉體有個安頓，同時繼續為自己的夢想努力。兩邊都做著，都不放棄，當雲霧散開、陽光露臉時，就會出現一條明確的道路，如同指引著西園理惠子走向畫畫，成為火紅的漫畫家那樣。

在工作中可以自我實現、追尋夢想，是人生的最佳境界；若無法兼得時，就到工作之外找尋。不要把工作當作全部的寄託，打算在這裡獲得完整的滿足，饒過自己也饒過工作吧！

【採取行動】面對工作不符合夢想的委屈，你可以這麼做——

工作不是人生的全部，不要把全部希望寄託在工作上，有本事的人不是自覺委屈，而是採取行動，動手切割，把工作與夢想一分為二，工作是飯碗，再另外追尋夢想，平衡而快樂。

學位不是生涯危機的解藥

每個人念的學歷越來越高，在遭逢生涯瓶頸時，就以為是學歷不如人，可是事實證明，再念來的這紙文憑還是無效，心裡更加茫然慌亂。其實，你不必這麼委屈……

在少子化衝擊之下，台灣的大學預估在八年內有六十所要退場，恐怕有一萬二千名教師要失業，占高教師資的四分之一。因此，教育部高教司司長李彥儀表示，既然大學教師需求量大減，教育部已經著手減少博士班招生名額，約數百名。

有一年年底報紙頭版做了這條新聞，跨年夜收到粉絲敲我ＦＢ，說他計畫出國念博士，問我的意見，心裡不禁疑惑：「博士都不看新聞嗎？」

念博士學位，是為了……

直到三十歲，這位粉絲才自國立大學人文社科研究所畢業，步入社會正式就業，起步已經算晚，到了今年三十五歲，家境普通，還要懷抱一個博士夢，出國深造人類學、社工或社會學領域（他還沒想清楚念哪一科）。掐指一算，資質好的拿到學位至少四十歲，而且我想不出來念完要做什麼，做研究的職缺微乎其微，教書也沒有位子，至於做社工，又何必念到博士學位？於是問他：

「十年後，你想變成什麼樣的人？」

結果，他回答會好好思考這個問題。我心裡再冒出一個OS：「難道你沒有想過這個問題嗎？」攻讀博士的時間長，美國約四至五年，台灣最長七年，都是在就業的黃金年華，機會成本高，回到台灣卻不易謀職，屬於高風險低報酬的決定，為什麼不先思考未來人生方向？於是我心裡又嘀咕：「這樣的人，念了博士又怎樣？」

可是，這樣荒謬的例子，我並不是第一次碰到。這二十年來，我周圍只要會念書的人多半都做過兩件事，第一件是在前一二十年去念ＥＭＢＡ，第二件是在後十年動過念博士的念頭。有一陣子我真的懷疑，攻讀博士已經變成一項休閒活動，現在朋友見面，招呼語除了問對方最近報名哪一個超馬，就是問：

「博士念得怎樣了？」

用七年解決生涯危機？

這在全世界任何一個國家，都是奇怪的現象吧！問題是，從三十五至五十歲都有，念博士的理由不外乎是以下這些——

「現在到處是碩士，還是多念一個博士！」

「公教人員可以請假讀書，還有教育部與學校的補助，有假有錢，為什麼不念？」

「我這麼會念書，只念到碩士太可惜，連功課差的同學都拿博士了……」

七年前終於聽到真心話，四十二歲的學弟告訴我，在被報社優退之後，到公務機關擔任雇員，可是他不習慣做那些瑣碎無聊的小事，主管也不滿意他的態度與表現，學弟一直有工作不保的危機感，因此想攻讀博士，到學校教書，有個教授頭銜也算是光宗耀祖吧！

我懂了，對於年逾三十五歲的人來說，念博士是用來解決生涯危機的，聽起來也是一個志向遠大的抱負，全世界應該都會幫你完成夢想吧！學弟帶職念了七年，去年終於拿到學位，多麼不簡單，生涯危機應該解除了吧？

他卻說：「現在滿街都是博士，念了也沒用！」

「在公務機關，可以高升吧？」我又問。

「還是雇員！沒考上公務員，連轉正職的機會都沒有……」

念完博士，生涯危機更嚴重

在這七年期間，學弟的太太帶著兩個孩子到另一個城市，一邊工作一邊照顧，為的是讓他安靜讀書；年老的父母兩地來回奔波看孫子，而他擔心壓力大會耽誤學業，只能屈就公家機關的雇員一職，天天挑燈夜戰，睡不到四小時……一大家子六口人犧牲朝夕相處，冒著財務危機，最後竟然得到這個答案！於是，我不死心地再問：

「畢竟念到博士，你不考慮換一個博士可以做的工作嗎？」

「都五十歲了，還換什麼工作？這個工作不炒我魷魚就謝天謝地，我現在只求安穩。」

拿到博士學位，既不能換工作，也不能升官加薪，工作不保的心情依然困擾著學弟，生涯危機並未解除，反而加重，我心裡頭不禁吶喊：「老弟，請問這個博士到底在念什麼意思的呢？」這時候，聽到他歎一口氣說：「五十歲終於拿到博士，人生困境不變，並沒有否極泰來。」

曾經，念博士是很多人的夢，以為拿到學位可以解決人生的各種困境，可是花五至七年的時間之後，在拿到學位的那一天，夢醒了，發現一場空，也耽誤在職場求發展的黃金年紀，且未打穩財務基礎。這些人通常是在台灣念文史法商領域的博士，說真的，像這樣對生涯安排糊里糊塗的人，我還真怕他們去大學教書，把下一代也教糊塗了。

博士，就要做出博士的價值

但是立場不同，發聲的內容也不同。

「他們都是國家長期培育的人才，一旦壯年失業，被迫去餐廳端盤子當服務生，不但是人才浪費，更是社會災難，政府有責任安置供過於求的高教人才。」

台灣高教產業工會秘書長陳政亮說，三十五至四十四歲的壯年教師的三明治困境，上有父母、下有幼兒，積蓄有限，還要扛房貸……奮鬥到這個年紀，一切重來，要面對龐大的壓力。

這些我都能感同身受，仍然覺得不可思議，自什麼時候起，博士變成就業弱勢族群，居然要呼籲國家補助？不過它可能是真的，我就親耳聽過一位企業主說：

「教授把一名博士推薦給我，多給兩萬元，可是產值還不如一名碩士，正在考慮請他走路。」

解除生涯危機，只有一帖藥方，就是加強競爭力！在台灣，文史法商領域的人若是進不去大學教書或做研究，而是留在一般就業市場，念博士多半無法提高價值，甚至是貶低價值，奉勸回頭是岸，否則就是愛上了不該愛的學位，七年後等著傷心欲絕、肝腸寸斷！記得，別讓不該愛的學位辜負了你的一生。

【採取行動】面對生涯瓶頸的委屈，你可以這麼做——

三十歲之前，看學歷；三十歲之後，看經歷與能力。有本事的人不是自覺委屈，而是採取行動，用績效表現來證明實力。與其再增加一個學歷，還不如做出正確的抉擇、努力工作來得有效！

準備好接受父母的老去

不少父母以後會變窮，在世時就變賣財產、花光存款，無法留給下一代；眼見加薪有限，物價飛漲，不禁要問，我們的未來在哪裡？其實，你不必這麼委屈……

「世上只有媽媽好，有媽的孩子像個寶」，粉絲在看過我的一篇文章之後留言這麼說，我點點頭，也搖搖頭……因為媽媽有錢就好，媽媽沒錢就無法對孩子好。

公教人員年金改革在二〇一七年三讀通過，包括一八%優惠存款兩年歸零、所得替代率十年從七五%降至六〇%等，隔年七月起實施，影響超過五十萬名現職和退休公務員。

多數年輕人都樂見公平正義獲得落實，但是也有些年輕人開始緊張，因為父母的養老金將不如預期充裕。而當父母變得較不寬裕時，甜蜜家庭的畫面是會變調的，不再彩色，而是黑白。以前父母省吃儉用就是要把錢留給子女，現在不只不留，有的得不到子女奉養時還會提告遺棄，甚至索賠，親子關係將會因此改變。

北野武有個死要錢的母親？

日本導演北野武是油漆工的兒子，出生在東京下町足立區，一個窮人聚集地，住的都是工人和被日本社會藐視的階層。北野武雖然努力考上一流大學，最後還是因無力負擔而輟學，到處打零工，受盡欺侮，看盡臉色。在成長的過程中，北野武眼裡的世界只有貧窮與醜陋。

在一個意外的機緣下，北野武一腳跨進娛樂圈，以色情相聲演員出道，後來當演員並執導演筒，電影作品屢獲國際大獎。素有「電影界莎士比亞」之稱的黑澤明，臨死前留言要北野武繼承衣缽，還說如果沒有北野武，日本電影界將混沌一片，足見北野武橫空出世的才華與舉足輕重

隨著北野武日益走紅，母親佐紀向他索取每月二十萬日圓的生活費，北野

武痛罵母親吸血鬼，也對這個家失望透頂。直到母親去世，北野武收到兩件遺物，一封信與一本存摺，信裡寫道：

「兒子，你從小生性放蕩，我擔心你日後一無所有……存摺裡有一千萬日圓。」

貪婪的背後是悲傷的愛

原來母親向他要的每一筆錢，一分都沒花，全都存了起來，因為擔心北野武失去人氣後會一無所有。下葬那天，北野武本來想要講笑話的，卻未語先崩潰大哭，他說：「什麼時候我們覺得父母原來那麼不容易，我們才算真正的成熟。」香港博客阿占在寫到這一篇北野武時，心酸的總結：

「沒有人比貧窮的媽媽，更知道生活的苦，貪婪的背後是悲傷的愛。」

其實，北野武的母親一點都不特別，在我的這一代，到處都是死要錢的「壞母親」。二三十年前流行打會儲蓄的年代裡，母親都會要求子女上繳薪水，少部分做家用，剩下的全都跟會存錢。經濟雖然起飛，淹腳目的錢卻未淹到我們這些剛入社會的上班族，可是認命存錢，就有買第一間房子的頭期款。

那是窮人開始要翻身的時候，大家看到的是希望，全家胼手胝足一起存錢；**到了貧富懸殊的現在，老人下流化，家人之間想的不再是賺取資源，而是分配資源；哪一天走到山窮水盡，為了生存就演變成搶奪資源。**不要說社會上的老人與年輕人世代對立，越來越多的家庭也將父不父、母不母、子不子。

當父母變窮，而子女又養不起時……

在除夕家家吃團圓飯的前一週，報紙頭版出現上下兩條新聞，已經預言這個時代即將來臨。

上面新聞是十八趴在六年後歸零，下面新聞是牙醫母親控告兒子，獲判得到扶養費二千二百三十三萬元，這兩條看似無關的新聞，卻隱隱指出一個全新的社會走向，未來家庭上下兩代在「金錢」這個資源關係上的微妙變化。

十八趴歸零的政策一釋出，軍公教反彈，抱怨將淪為低收入戶；接著政府不斷拋出震撼彈，中老年人都知道「養老金縮水」是來真的。養老金準備不足者，或回鍋職場，或由子女奉養，但不是人人都有能力二度就業，也不是每位子女都養得起父母；如此一來，父母便只能以房養老，每月向銀行領生活費，不會留房子與存款給子女，將不復往昔「人在天堂，錢在銀行」。

這是一場生存戰，也是一場資源戰，父母不是不愛子女，而是沒有能力再繼續愛子女。過去父母認為再苦也不能苦到子女的教育，展現出來的是令人動容的犧牲奉獻精神，但是牙醫母親索取撫養費的新聞告訴我們，在子女身上的投資，是要回收的！

栽培兒子當牙醫，打官司爭取回收

根據報導內容，經營牙醫診所的羅姓婦人，長年苦心並舉債兩千多萬元，栽培兩個兒子成為牙醫師，羅婦惟恐他們日後不願扶養她，二十年前簽訂協議書，要兩人保證一旦自行開設診所，需給付她「養老金」。目前已是牙醫診所負責人的朱姓二兒子，因此被母親要求支付扶養費二千五百萬元。

朱姓牙醫認為，母親扶養他以金錢衡量，已違反公序良俗而無效。各級法院原本都判朱男應支付羅婦扶養費一百七十八萬多元，但高等法院更一審依協議書內容，並計算朱男十多年來的收入，判應支付扶養費二千二百多萬元。

一般人都會認為，北野武的母親是偉大的，關心孩子的未來，但是她被北野武怨恨到離開人世的那一刻；而牙醫的母親是勢利的，關心自己的養老遠高於子女的名譽，卻換來老後數十年不必仰人鼻息。過去北野武的母親占多數，但老人貧窮化之後，牙醫的母親只會越來越多。

親情到最後若是用金錢來檢驗，只會見到人性的黑暗，看不到情操的偉大，別讓貧窮撕裂你和父母之間的關係。年輕的你何不從現在起，腳踏實地，彎下腰來，面對現實，了解父母的財務狀況。全家一條心，沒有走不過的難關，重點在於讓父母有尊嚴的老去，而年輕人也能夠滿懷希望的走向未來。

【採取行動】面對承擔父母照顧責任的委屈，你可以這麼做——

越來越多的父母沒有養兒防老的觀念，但是陪伴他們老去，仍是責無旁貸。有本事的人不是自覺委屈，而是採取行動，及早儲備資糧，為自己預約一個有尊嚴的餘生。

第四部

一切都是為了更好的生活

認真工作，再也不能保證生涯高枕無憂，或是領高薪、坐高位，甚至還有可能得到相反的結果——薪水不漲或是被淘汰。然而工作的意義是為了過更好的生活，所以我們要變聰明，而不是死工作！

讓人力銀行成為你的數據資料庫

這一代年輕人普遍認為自己是不被祝福的一代，一進就業市場就注定低薪、低發展，經常想要換工作，卻又覺得換了也沒用，掙扎不已。其實，你不必這麼委屈……

George是私立大學畢業，未出國留學，退伍十二年，每隔二至三年換一個新工作，看得出來是有策略地轉換跑道、有計畫地經營職涯，一路換的公司不是外商就是大企業，現在也不過三十八歲，已經是一家公司的業務副總，年薪三百萬以上。他總是笑著說：「我是喝人力銀行的奶水長大的！」

剛開始，我以為他是在說笑，後來才知道他是當真，因為他每年年底都會約我見面，實際了解就業市場的近況。不過，這次George帶著不解的表情說，這一陣子不論走到哪裡，都有人問他：

「你看，今年是不是真的不景氣？」

「如果不景氣，今年合適換工作嗎？」

別人的意見，還不如真實的數據

George不解的是，第一個問題非常簡單，自己可以找出答案，根本不需要去問別人；第二個問題則是非常「個人」，自己可不可以換工作並不合適問別人。對於這兩個問題，他都是這麼建議對方：

「這些答案，都在人力銀行裡可以得到。」

George不是屬於「書本智慧」（book smart）那一群，而是歸類在「街頭智慧」（street smart）這一幫，他找答案的方式和會念書的人不同，因為他覺得看書得到的訊息都過時了。敏於觀察時勢及掌握第一手資料，大概是他在業界冒出頭的原因。做業務的他有一個興趣，不時上人力銀行，從職缺變化掌握各個行業的景氣、各個企業的前景，推論出到哪裡開發新市場與新客戶最有效。

他舉例，某個行業去年開出一千個職缺，今年減少到八百個職缺，就代表不景氣，而且幾乎可以推斷出營收減少兩成。反之，今年增加到一千二百個職缺，就顯示行業景氣佳，預估有兩成的市場成長。

至於要不要換工作，George說做這個決定也容易，他自己的方法是投遞履歷，直接到就業市場，看企業主對他的反應，便可以充分了解自己在就業市場是處於優勢或是劣勢，是在主場還是在客場。

「企業的回應，對應徵者而言，就是一種『大數據』，可以了解自己被企業需求的程度，客觀而準確！」

投遞履歷，就是測試自己的行情

George再度透露，這根本已經成為他的習慣，每年年底到就業市場測試水溫，剛畢業前幾年會上人力銀行投遞履歷，後來資歷深了，則改到獵頭公司放消息。當企業看過他的履歷後，在任何一個環節做出的任何一個反應，都隱含著重要訊息，都是「一個寶貴的客戶意見」，告訴George：

「從用人的角度來看，我是一個什麼樣的人，幾斤幾兩重，值多少價錢。」

從企業要不要打開履歷、要不要回覆、要不要邀請面試，到面試之後開出的價碼、或是最後決定錄用與否等等，都是一關一關的考驗。George將它們全部「數據化」，並和往年比較，若是數字成長，當然可喜可賀，表示自己炙手可熱；相反地，如果數字往下降，表示優勢逐漸消失中，不再是當紅炸子雞。

這種透過「大數據」做的人氣測驗，是由全部的企業對你這個人投票得到的結果，雖然現實而殘酷，卻是客觀而準確！

「到了這時候，要不要換工作，答案就出來了！」George說，換工作這件事，不是去問專家，也不是去問親朋好友，更不是看新聞報導怎麼寫，因為他們都不是用人的企業，都不是第一手資料，全部都是猜測，不足以參考。

投遞履歷的目的是做產品上市前的「前測」，至於投遞後要不要換工作，再說！George強調，**職場是戰場，必須隨時保持清醒，了解自己的位置，瞄準前行的方向，一直保持著競爭力**。我想，這就是他可以在職涯上一帆風順的祕訣。

從企業看履歷的行為，看出你的競爭力

履歷投遞出去之後，不同環節都有不同指標，代表著不同含義，會讓自己明白贏在哪裡或輸在哪裡，是個人競爭力的評量結果。

1. 有多少企業讀取我的履歷？

這表示就業市場目前對於我這一類人才的需求程度，讀取數少則表示需求減少，讀取數多表示求才若渴。

2. 有多少企業連絡我面試？

企業在看完履歷後，邀請面試的數量減少，表示條件不符合，的確要緊張，顯示自己處在被市場淘汰的危險邊緣。

3. 有多少企業通知我錄取？

給予面試機會若是比過去變少，表示自己的資歷增長並未帶來效益，反而是因為年齡增長帶來負分，或是在面試時讓企業產生疑慮。

4. 有多少企業將薪水提高一〇至二〇%？

隨著資歷提高，薪水應該是跟著上漲，但是如果不漲，必須檢討是不是已經來到這個職務的薪資天花板。薪資不增，不論是哪個原因，都代表警訊。

投遞履歷，試過水溫之後，得到的數據若是往上成長，帶來的消息是正向樂觀，就勇敢一試，換工作吧！相反地，如果數據是往下走，就先不要離職，但不是從此將換工作這個大門緊閉，而是要靜下心來，檢討競爭力，想辦法突破劣勢再振雄風。

對於一個身處劣勢的人，防守不是最佳策略，進攻才是正確的選擇，因為即使不換工作，也有可能被目前的公司三振出局。提升競爭力，保持優勢，隨時到就業市場試水溫，了解身價，視時機做出轉換跑道的選擇，方為上上策。

【採取行動】面對競爭優勢衰退的委屈，你可以這麼做——

想要換工作，又擔心下一個工作不會更好，有本事的人不是自覺委屈，而是採取行動，主動出擊，用投遞履歷，得到企業回饋，了解自己的行情，保持競爭力在巔峰。

別讓人資擋住了你

履歷投出去之後，卻是石沈大海，杳無音訊，心裡開始出現各種雜音，突然失去信心，懷疑自己的能力不佳、條件不優，或沒有後門可以走。其實，你不必這麼委屈……

想換工作，第一件事當然是寫履歷自傳。可是你可曾想過以下兩個問題？

「誰在看我的履歷自傳？」

「他是用什麼角度在看履歷自傳？」

第一個看你的履歷自傳是人資部門，多數履歷在人資這一關就已經被丟進垃圾桶。除了條件不合適的履歷外，還有一種履歷會永不見天日，到不了用人部門那一關，那就是「問題履歷」。

比起選對人，人資更怕選錯人

對於人資部門而言，挑選出優秀人選固然重要，但是壓在他們心頭最大的重擔並不是這個，而是讓用人部門發現篩選出來的履歷有問題。挑對人才，人資部門不見得能獲得掌聲；但是人選有問題，他們會第一個被轟。也就難怪有的人資部門特別戒慎恐懼，將全部心力花在「挑錯」上。

想想看，每一份履歷都是嘔心瀝血，一字一字推敲，耗時費日才磨出來的偉大傑作，人資部門還可以雞蛋裡挑骨頭，硬是在完美中看出不完美，那種挑錯的龜毛勁兒，以及寧可錯殺一萬，也不能放走一個的狠勁兒，真讓人懷疑他們是ＦＢＩ訓練出來的。

因為工作關係，我和人資主管經常有第一手接觸，才發現他們在看履歷自傳有一套長期養成的高階人工智慧，像ＦＢＩ探員一樣，可以從字裡行間找到蛛絲馬跡，聞出「怪味道」。也不一定是錯誤，但是只要具備「合理懷疑」的條件就是等同有問題，極有可能就直接丟進垃圾桶。

所以寫履歷自傳，除了表現自我、強調優勢，積極爭取加分之外，也要注意到別留下一根頭髮、一個口紅印或是一枚指紋，讓有潔癖的人資抓到一丁點的「合理懷疑」，不只會減分，還有可能從此翻不了身。

人資想的，跟求職者不一樣

首先，要認清楚的一點，就是人資在看履歷時，不論立場、角度或解釋，都和求職者不一樣；想要求職成功，必須易位思考，站在人資立場著想。第一重要便是不要犯錯，給人資惹麻煩，讓他們被用人部門炮轟！

以下這幾個例子提供的未必是鐵則，卻告訴我們一個鐵的事實，的確有人資是這麼看履歷，而你不會知道應徵的公司是不是有這樣一位人資，最好小心為上！

1. 薪水範圍太寬

求職者在填寫履歷時，面對「希望待遇」都會遲疑再三，最後多半填「面議」或「依公司規定」，認為這樣比較保險，可是也有人不信邪，勇氣十足地填了，哪知道真的出包！

有求職者因為過去領五萬五至六萬元，所以寫希望待遇是五萬至七萬元，為了轉換跑道順遂，前後拉寬五千元，自認為可以廣泛適用更多企業；可是人資不這麼想，他們認為薪資拉得太寬，表示行情不明確、定位不清楚。但終究重點還是這一句話：

「既然寫五萬，公司就不會給七萬，還不如寫『五萬元以上』就好。」

2. 未填家中電話

現在年輕人靠一支手機走遍天下，如果不是跟爸媽要生活費，大概連家裡電話都忘了吧？履歷上未填家中電話很正常啊！可是有的人資不這麼想。

第一個閃進他們腦中的念頭，通常是「萬一在公司出事，跟誰連絡？」「萬一沒來上班，又不接手機，打到哪裡去連絡他？」這些萬一讓人資充滿不安全感，好像家中有裝電話，就如同去警局申請良民證一樣，可以對人格掛保證。（雖然說家中電話大部份時候可能只有阿嬤在接聽，而且她還重聽……）

3. 學校肄業

微軟的比爾蓋茲、ＦＢ的祖克柏都是輟學生，被年輕人視為偶像，可是在台灣，學歷掛著肄業可是大忌諱！人資的反應是「是因為愛玩嗎？」「是因為書沒念好嗎？」他們擔心這樣的求職者不可靠，二話不說就刪掉這份履歷。

一位年輕人連續兩所大學都是填寫肄業，其實第二所在下個月即將畢業，可是人資完全無法理解，「難道他不知道肄業會減分嗎？寫一所肄業夠慘了，還寫兩所肄業……。」

4. 不一致性

一位求職者寫了四項工作經歷，其中三項有填薪資數字，一項暫不提供，這也會引起人資的疑心，因為不一致，反而留下破綻，還不如四項都不提供。因為人資看履歷時，焦點不是放在有填薪資的三項，而是盯著未填寫薪資的工作經歷，「為什麼獨獨這一項未填寫，是不是出了問題，不敢填寫薪資？」

5. 訊息相互矛盾

在履歷的「希望應徵職務」欄，一位求職者總共勾選五項職務，其中四項是一般職，一項是主管職，人資的解讀恐怕出乎大家的意料之外，「既可以當主管職，又可以做一般職，這是定位錯亂！」一個有資歷的人還會犯這個矛盾，表示不了解自己的實力，也缺乏自信心，公司怎麼能錄用？

6. 不會算術

一位應屆畢業生在填寫履歷時，總年資勾選一至二年，後面列舉三項打工經驗，各是三個月、四個月、三個月，合理推測應該是還有其他工作經歷，而這三項是求職者覺得較具代表性才列舉出來，可是人資不這麼想，有的看完了履歷會說：「工作經歷沒填完整，其他工作有什麼問題嗎？」有的卻會想成「不老實！想詐騙年資，被我抓到了！」（這是小一的算術，連這個都算錯，做其他「合理懷疑」好像也合理？）

【採取行動】面對履歷石沈大海的委屈，你可以這麼做——

履歷自傳，不是寫給自己看的，是寫給企業看的，大企業的第一關是人資部門，有本事的人不是自覺委屈，而是採取行動，易位思考，主動了解人資想要看的內容，以及最忌諱的錯誤，打動他們的心。

想要高薪，就要做對選擇

沒有人不想拿高薪，可是很少人知道，高薪是給「某些人」拿的，自己並不在「某些人」的行列裡，拼命加班、認真工作、對公司忠誠，還是不能加薪。其實，你不必這麼委屈……

「我現在做行政人員，在公司已經五年了，你看我有沒有機會做主管？」

粉絲問我問題時，都要我馬上給出一個yes或no的答案，這當然危險，我都會要求增加背景說明，但是面對這一題，我想也不想就說出四個字：「機會渺茫」，居然引來不少粉絲按讚，還說他們的下場就是如此。

有些工作，就是領不到高薪

再有一次，一位四十二歲的粉絲說他既憤怒又挫折，在公司擔任行政主管多年，領五萬薪水，養家困難，想換工作，於是向上百家公司投出履歷，可是只有六家回覆，而且給的薪水最多是三萬五，他問我：

「這些公司太欺負人，我有這麼不值錢嗎？」

我告訴他，這是企業對他投票的結果，表示九十四家企業對他沒興趣，六家有興趣，卻只願意給三萬五的薪水，他只有兩條路可以走，一條路是回去抱緊老東家的大腿，一條路是轉換跑道，做與業務掛勾的職務。

這樣講很傷人，但是一定要認清楚這個事實，**有些人就是與加薪升遷無緣，和努力認真無關，而是和職務類別有關。**

最近日本女性貧窮化引起熱議，媒體在報導時，都會順帶提及台灣女性的薪資平均只有男性的八三%，男性平均五萬二千六百五十三元，女性四萬三千七百零九元，並將之歸因為性別歧視，導致男女同工不同酬。很多學者做出來的研究也是這麼總結，但是在人力銀行多年，對職務有研究，我的看法不同，男女根本沒有同工，這才是不同酬的癥結。

總經理與清潔員的薪資會一樣嗎？當然不一樣，因為不同工！兩性薪資的差距，和這個問題是一樣的。（本文先不談性別教育、性別刻板印象等成因）

三十五歲前後，有兩個關鍵性的選擇

比起美日韓等國家，台灣在薪資上的性別差異不算最嚴重，台灣是一四・五%，美國一八・九%，日本三三・二%，韓國三一・三%，只要從以下兩個關鍵點著手，台灣女性的薪資絕對有機會翻轉：

第一個關鍵點：剛進入職場時，要選對工作

第二個關鍵點：三十五歲以後，要選對生涯

Alex是一家上百名員工的企業老闆，在他們公司，有兩種職務類別會出現明顯的性別差異：

第一種是行政人員，只要一開職缺，履歷如雪片飛來，九成以上是女性，不乏台大政大等頂尖大學。起薪二萬四，滿三個月後調至二萬六，以後視表現每年調薪五百元，天花板是二萬八千元，也就是三十歲之後就不再調薪，直到退休。

第二種是程式設計人員，一整年都缺人，職缺萬年不關，應徵者八成是男性，多的是私立科大畢業生，還有半路出家的，像是去資策會補習的，長期處於招不滿額的窘境。起薪自三萬五至六萬都有，年年調薪。

行政人員最委屈，但是她們不會爭取加薪，一做就是萬年行政，十年以上的白頭宮女，年華老去後更不會離職。相對地，Alex最頭痛的是程式人員，平均只做一年半就會跳槽他去，即使加薪五千仍然頭也不回，因為新工作加他一萬。

女性求職，不重視薪資與升遷

找不到程式人員，Alex想出一個怪招，開出兩個職缺，稱作：

程式部行政助理

行政程式設計人員

加了「行政」兩個關鍵字之後，履歷倍增，女性求職者終於出現，不只學歷漂亮，還有資訊背景。面試時，Alex問到她們應徵的原因，獲得的回答大致如下：

「『行政』聽起來不需要程式能力很強，只是幫助大家完成工作，把工作做好即可，不負擔成敗責任，加班少，壓力輕。」

看到沒？女性在選擇工作時，重視的元素都是抽象的感覺，比如：做好工作可以獲得成就感、與同事相處可以帶來愉悅、為別人解決需求可以受到重視……至於責任、加班與壓力能少就少。相反地，男性在選擇工作時，重視的內涵是獨立、權力、聲望、金錢等，他們要的是加薪與升遷的機會。

三十五歲後，家庭重於工作

所以兩性在職務上做了不同選擇，一家人力銀行做了求職偏好調查，女性的前五大偏好，有三類職務不在男性的榜內，分別是行政總務類、行銷企劃類、財會金融類。

排名	男性最愛	女性最愛
1	客服／門市／業務／貿易類	客服／門市／業務／貿易類
2	操作／技術／維修類	行政／總務／法務類
3	生產製造／品管／環衛類	餐飲／旅遊／貿易
4	研發相關類	行銷／企劃／專案管理
5	餐飲／旅遊／美容美髮類	財會／金融專業

除了財會金融外，行政總務或行銷企劃都不限科系，求職者多，競爭激烈，企業既可以挑到優秀人才，還只要給付低薪。從事這三類職務，就認識的女性中，我敢打包票，九九%都是努力認真、犧牲奉獻，卻完全無助於加薪與升遷，因為女性不懂得這個道理：「選擇大於努力！」

不止如此，在後來的生涯發展上，女性的選擇越來越偏離加薪與升遷的軌道，甚至中斷職涯。在同樣一項調查中，男性的職場目標第一名是加薪，女性卻將它排在第三名；在第五名，男性選擇跳槽，女性則是希望有多點時間陪伴家人。

三十五歲，是一個重要的分水嶺。在這個年紀，女性對於工作的期待不再是前途發展，而是希望離家近、工時彈性，可以把工作之餘的時間都用來照顧家人；可是在同樣的年紀，男性力爭上游，積極爭取更多的責任，升上主管職，獲得加薪。

不論做任何選擇，選擇工作或選擇生涯，多數女性的態度一致，都是在跟加薪說：「離我遠一點，不要靠近我！」既然妳這麼不愛錢，錢為什麼要愛妳？

不是命運選擇了你，而是你選擇了命運，不要花力氣抱怨老闆不加薪，而是改變選擇，從改變職務與生涯做起，就會看到財神爺走過來。

【採取行動】面對薪水不如人的委屈，你可以這麼做——

比別人認真工作，薪水就應該比別人高？實情並非如此，有本事的人不是自覺委屈，而是採取行動，懂得「選擇大於努力」的道理，做正確的職務選擇，其次是不輕易為了別人而中斷職涯。

你的喜歡，不是應徵工作的理由

工作，當然是要做自己喜歡的，才有熱忱，樂在其中，不以為苦，對企業來說，穩定性高又有績效表現，可是這些說「我喜歡」的人卻不會被企業錄用。其實，你不必這麼委屈……

Stephane畢業三年，從事貿易，負責國外客戶，表現優異，公司有意予以重用並升遷，可是Stephane仍然想要多嘗試，確定未來的生涯方向。在過去三年的工作經驗中，她發現自己有不少強項，包括做事講求效率、準時完成工作等，而且——

「只要客戶有需求，不論是凌晨幾點鐘，是不是睡意正濃，我都可以立即從床上跳起來處理，腦筋清楚，笑容真誠，服務到對方滿意為止。」

喜歡旅行不能是應徵空服員的理由

再加上外語強、外貌佳等條件，Stephane自認合適轉做空服員。可是考了三次，都沒錄取，因此難過不已。但是Stephane從來不是一個願意認輸的人，左思右想，想要找出面試時究竟是錯在哪一題，後來讓她找到了！

每一次當面試官問到「你為什麼對這個工作有興趣？」，她就回答：「因為我喜歡旅行！」本來以為這麼熱血的答案，一定可以打動面試官的心，可是每次都不例外，一定換來面試官一副不以為然的表情，以及往臉上砸過來零下四十度的冰塊。

「這個答案，我們常聽到！可是，這完全顯示你是狀況外。」

「做空服員不是去旅行，是在做服務業。」

「你必須要處理的是刷馬桶、客人嘔吐這類事情……不少是骯髒的事，一點都不浪漫！」

你喜歡什麼，企業一點都不關心……

面試時，這是一個最常被問到的問題，可惜大部分的人都答錯。我自己也有不少類似的面試經驗，比如：

應徵企劃的人會回答：「因為我喜歡創意！」
應徵業務的人會回答：「因為我喜歡人！」
應徵客服的人會回答：「因為我喜歡跟人聊天！」
應徵編輯的人會回答：「因為我喜歡寫文章！」
應徵電商的人會回答：「因為我喜歡買東西！」

這些回答，一般求職者都以為可以表現出自己對這份工作的「熱忱」，其實錯了，它們不只是錯誤，還顯示出不專業，不了解這份職務所需要的能力條件。在回答「你為什麼要應徵這個工作」時，歸納起來，一般人常未遵守以下三個原則：

【錯在這裡①】開口說「我喜歡」就錯了！

公司錄用你來工作是要付薪水的，他不會關心「你喜歡哪件事」，而是在意「你能夠做哪件事」，你的喜好與他的獲利無關，你的能力才會關係到他的營收。

如果你愛用「我喜歡」做開頭，請務必改掉這個壞習慣，這是不討喜的口頭禪，從此改用「我能夠」吧！

【錯在這裡②】沒有提到「關鍵字」！

說出對方想聽到的「關鍵字」，表示你在狀況內，了解企業用人的需求，而不是你想說的「廢話」。

關鍵字在哪裡？都藏在這裡！去看企業在人力銀行上面刊登的「求才條件」，它們就是關鍵字，面試時一定要提到它們！

【錯在這裡③】看錯「題目」！

千萬不要以為面試是「無題」，要你自由發揮。

求才條件，就是題目！求才條件若是有三項，就表示有三個題目待解，有五項就表示有五個題目待解。一一解題，給予對方想知道的答案。

解題，就是告訴企業，他們要的這些條件，你都具備，不僅勝任無虞，還可以做得比別人更有績效，讓企業感到放心。

簡單兩步驟，精準打中面試官

依照上面這三個原則，以應徵企劃人員為例，解題的方式如下：詳讀企業的求才條件，看清楚「題目」，接著在自己過往的經歷找出「答案」，講出實例或數字，證明自己的確百分之百具備這些能力條件。比如說：

1. 說出關鍵字

「貴公司在徵求企劃人員，主要開出兩個條件，第一個是會寫企劃案，第二個是會簡報，我不只有經驗，還表現優異，都證明我能夠勝任這份工作，請讓我向您充分說明。」

2. 一題一題拆解

「首先，有關於寫企劃案這個部分，過去三年內，我曾經提過十次政府標案，企業端則每個月都會有一次提案。」

「其次是簡報能力，您更不用擔心，我的企劃能力加上簡報能力，提案成功的命中率高達三成，十年經驗的資深企劃平均是兩成，顯見我是高於水準相當多。」

面試目的，是在錄取！前提是切中企業的需求（求才條件），讓面試官卸下心防，可以勇敢大膽錄用你。讓他放心，讓他覺得慧眼識英雄，你就成功過關了！

【採取行動】面對面試失敗的委屈，你可以這麼做——

認真準備面試，可是卻經常沒有下文，有本事的人不是自覺委屈，而是採取行動，改變說話方式，把「我喜歡」改成「我能夠」，強調能力與經驗，讓企業相信自己足夠勝任無虞。

主管怎麼想，就是比你想的更重要

努力一年，拿到的考績卻不理想，便認為主管不肯定自己的表現，心裡很受傷，或是主管不公平，感到氣憤，不是背後抱怨主管，就是想要用離職給主管難看。其實，你不必這麼委屈……

刷了一整年的存摺，就屬這一次最刺激！一刷，金額顯示，不只知道領到多少年終獎金，也知道主管給自己打的考績等級。一整年的努力就這麼蓋棺論定，不論是崩潰大哭、或是氣到將存摺撕得粉碎，一切都已經成定局，說什麼都是多餘……。

考績，不見得一〇〇%反映自己的表現

在謎底揭曉前，這段「猜心」的日子，任誰都不好過。總覺得主管最近不太敢正眼瞧自己，在迴避似的，「是不是心虛，把我的考績打差了呢？」努力一年，在公司或主管的眼裡，究竟是好或壞，還是普通而已。怎麼說都是和「錢」有關的現實，也是和「面子」有關的感受，都讓人心痛如刀割，夜夜難以入眠。

其實，考績不可能絕對公平，這是一個事實，可惜很多人不願意坦然承認與面對，經常在得知考績的當下，錯愕、傷心、氣憤甚至負氣離職，或是從此覺得努力不值，不再像過去一年那樣為公司打拚。

這樣想是不智的，因為考績打得高或低，除了個人努力工作、達成績效之外，還有六隻黑手，屬於不可控制的因素，並非一〇〇%和自己的表現掛勾，何妨釋懷，再用積極的態度去面對，把這六隻黑手當作未來一年努力的方向與重點，年底打考績時反敗為勝，扳回一城。

【考績黑手①】主管怎麼想，才是重點！

很多人的考績一直無法突破，是他們以為考績是「自己」在打，所以常聽到這些人抱怨：「我這麼努力，為什麼……」「我這麼無私奉獻，為什麼……」根本是一個錯誤！相反地，如果倒過來抱怨，問題將迎刃而解，比如：「主管在打我的考績時，在想什麼？」

賓果，終於對啦，弄清楚打考績的主角不是你，而是主管！所以請易位思考，抓出主管肚子裡的迴蟲，認真想：「主管想要的，我給的到位了嗎？」而不是執著在「我想要給的，主管埋單嗎？」

【考績黑手②】主觀的印象分數，決定勝負！

考績主要是打兩個部分，其一是目標管理，其二是行為評估，若是要拿到優等，這兩者都不能有失分的情形出現。

目標管理，一般人比較容易理解，也認為客觀讓人服氣。不同職務有不同目標，所訂出的ＫＰＩ便是考績標準，因此每個人的考評項目與標準各異。

當兩人在目標達成不相上下時，行為評估就會拿出來衡量，比如出缺勤等。兩人若是再比不出大小，態度這張牌便會亮出來，左右整個局面。

可是，年輕人不服氣的地方就在這裡，認為事情做好、目標達成就足以交差，出勤不重要，態度也不客觀。抱歉，不論現在或未來，印象分數一直都會存在，有些主管受屬下一整年的鳥氣，會選在此時「算總帳」出出氣，所以請注意行為與態度。

【考績黑手③】害怕失去你，更為關鍵！

在「失去的痛苦」與「得到的喜悅」中做抉擇時，一般人會選擇不要忍受「失去的痛苦」。一樣的道理，主管在意「失去你」的痛苦，也會遠高於「得到你」的喜悅。有兩人都是主管的得力助手，一人難以取代，失去了就永遠失去，再也找不到這樣的人才；另一人可被取代，失去了不難找到遞補，前者的考績將優於後者。

考績的決勝關鍵，也包括被取代性，是很多上班族忽略的眉角。因此，在能力上做到獨一無二的優勢，不只是在薪水上享有訂價權，在考績上也有優先考慮權，值得終其一生致力追求！

【考績黑手④】主管的軟弱，改不了！

每個主管的性格各不相同，我們不得不承認，有很多主管並不適任。他們軟弱無肩膀，無法面對打考績的壓力，於是採用「輪流給優等」的做法，想當好人，卻變成濫好人，沒有人滿意他們。也有主管怕得罪不起的壞人，便會選擇犧牲表現良好的好人，讓壞人拿優等。

在職涯中，選擇一位有能力與擔當的主管至關要緊，從打考績這件事可以窺見主管的性格，提醒自己擇良木而棲，說起來也是收獲。

【考績黑手⑤】主管要部門績效，你給了嗎？

你是打工仔，主管也是打工仔；你要考績優等，他也要優等。老闆打主管的考績，是看部門績效，因此基於主管的個人利益，他也會期待你不只個人績效優，對於部門的貢獻值也要優於他人。

重點來了，除了努力達成個人目標外，也要做到團隊合作、相互幫助，一起達成部門目標。在談到貢獻時，不是邀功，吹捧自己有多棒，聽起來刺耳椎心，一副要把主管幹掉似的；相反地，請改口說成幫「部門」多做哪些事、多引進哪些客戶等。凡開口必提「部門」，讓主管看到努力與忠誠，並讓他在老闆面前揚眉吐氣，這才叫做「有所貢獻」！

【考績黑手⑥】冷單位，考績就是冷！

優等的名額不是各部門一樣多，不論個人有多優異，只要落在非核心部門，優等就少，核心部門才會多。像買房子一樣，蛋黃區容易升值，也不太貶值，蛋白區正好相反，所以置產要優先考量蛋黃區。同樣地，想要在公司裡飛黃騰達，必須想辦法擠進核心部門，容易加薪升遷，優等考績的配額也多，不過天下沒有白吃的午餐，付出的心力與時間也相對較多。

除了部門有核心與非核心之分，主管個人也會發揮影響力。有的主管是軟麻糬，任誰都敢蹂躪他；有的主管是硬角色，無人敢得罪他。因此在分配考績時，主管兇不兇，或多或少也會決定配額是向左或向右移動。

不過無論如何，除非部門上下一心，眾志成城，將冷板凳坐熱，否則「大小眼」這件事是定數，不易改變，抱怨不過是無濟於事。

【採取行動】面對考績不如預期的委屈，你可以這麼做——

考績沒有絕對公平，也不可能人人心服口服，可是有本事的人不是自覺委屈，而是採取行動，在專業上力求精進，用實力證明，拿出成績，同時也不必為了考績而輕易離職。

失業是必須提早管理的風險

失業發生的年齡越來越早，頻率也越來越高，而且有一次失業經歷之後，失業會經常來敲門，待業期間逐漸拉長，慢慢地失業好像變成慣性，讓人焦慮。其實，你不必這麼委屈……

面對失業，年輕時候或許是一個挑戰，中年以後就是一場災難。

在年輕的歲月，每次失業像得了一次小感冒，三五天痊癒，病後抵抗力增加；中年以後，每次失業像得了一場大病，一病就是三五個月，病後免疫力大降，整個人元氣大傷，體力大不如前。足見年紀越大，越禁不起失業，無奈的是卻也最常失業。

八成父親害怕失業

過去，中年「失業」指的是五十歲以後，四十多歲稱作中年「轉業」，還有機會回到職場。可是二〇一四年澳洲雪梨科技大學一項調查指出，四十五歲以後失業，重返職場難如登天，所謂的中年失業問題已經提早至四十五歲。

過去，中年失業的待業期大約數月，現在超過半年九個月的例子所在多有，待業期拉長，重新就業更加困難，歐盟失業超過一年的人口占失業人口的半數，長期失業變成常態。

既然重新就業變得困難，何不反過來想，怎麼讓自己減少失業，減少免疫力下降的機會？這是這個不景氣時代要深思的問題。

曾有一家人力銀行做調查，發現竟有高達八成的爸爸擔心失業，可見得失業變得越來越容易。

許多原因都可以造成失業，而這些原因又是如此普通而常見，比如：一個新科技的發明，造成另一個舊科技的崩落，產業生態翻轉，甚至消失；產業聚落外移，工廠隨之搬至國外，老闆說如果不跟著派駐，便沒有工作機會；一個產品上市後，市場反應不靈，公司經營困難，關門大吉；老闆因本業辛苦，做轉投資，槓桿操作失利拖垮本業，不得已裁員資遣……

原因不一而足，卻都不是員工可以預料與防備的，災難當頭掉下，毫無預警，被迫非志願性離職的例子天天上演，有人甚至一年可以碰到三次，這樣倒楣透頂的人只會更多不會更少。

避免習慣性失業

在這個經濟大停擺的時代，GDP連成長一%都是奇蹟，必須充分體認到，失業幾乎要變成家常便飯。既然別人加諸在自己身上的災難是防不勝防，就不要再自己製造失業問題了。趁著年輕時，請這麼安排職涯發展：

1. 儘量搶進大企業

小公司說倒就倒，不留緩衝，讓人連應變的時間都沒有，可是死去的駱駝比馬大，大企業會預告，會開協調會，會給資遣費，甚至還會花錢請職涯顧問為你做諮商。但是重點不在這些，而是在於大企業比較不會倒，因為銀行不會讓它倒。

進大企業之後，再轉進小公司還有機會；相反地，到小公司之後，要轉進大企業不易。所以進大企業，未來轉職的工作機會多，職涯路長，也是無形的保障。

2. 請勿動不動就離職

換工作的理由，不應該是因為這個工作不佳，應該是因為下個工作更優，也就表示已經找好下個好工作，因此不致發生失業。

改變換工作的原因，不要衝動離職，不要帶來失業問題，即可避免失業後遺症。

年輕時，因為不爽主管的管理風格、公司的制度不明，或同事難以相處憤然離職，轉身還算容易。可是，履歷上列的工作經歷都是短短數月或是一年半載是嚴重瑕疵，隨著年歲漸長，變成不良紀錄，會讓人無法信賴並錄用。

3. 盤點自己的可利用價值

很少人會認真去想，公司錄用自己的原因、公司給自己這個薪水的原因，以及公司沒有資遣自己的原因等。這些原因都至關重要，明白自己的「可利用價值」有哪些，掌握自己在就業市場的「關鍵因素」，也是一種資產盤點。當這些關鍵因素逐漸消失，就必須有危機意識，而不是糊里糊塗一天過一天，直到被裁員才清醒過來。

4. 有脫離組織的能力

假設有一天公司裁員，自己赫然在列，一定會發慌，那麼何不提早認真面對這個問題？想想看，脫離組織後，馬上找到工作的時間有多長，如果一年半載找不到新工作，有辦法成為自由人，養活自己和家庭嗎？倘使沒有這個能力，請趁早培養！

兼職是一個好辦法，讓自己在主業之外，還有一席之地，分散風險，不致將雞蛋全部放在同一個籃子裡，當主業有狀況時，慌亂將大為降低。

一般人都以為，中壯年是社會的中堅力量，可是就業統計卻顯示，他們其實是脆弱的一群。二〇一四年台灣五十五至五十九歲的勞動參與率是四九・

四％，比美國的七六・八％低，相較於文化相近的南韓八七・四％、日本九三・二％更是低很多。

想要避免中年失業嗎？趁年輕時要做好準備，打好基礎，才能減少中年失業的頻率與衝擊。

【採取行動】**面對恐懼失業的委屈，你可以這麼做——**

失業，不是工作不認真的人才會發生的事，有本事的人不是自覺委屈，而是採取行動，慎選工作，努力做出成績，不要動不動就離職，且還要讓自己有脫離組織、自行謀生的能力。

第五部

你能展現的是態度和行動

你的人生必須有鋒芒，展現明確的態度，提出具體的行動，讓別人一起來幫你完成夢想；也給自己警醒，人生是有目標的，自己是有風格的，必須按照自己的意思活著，一切由自己負責，頂天立地，扛起成敗。

沒有一個工作是不受委屈的

每個人都以為自己是全天下最委屈的那個人，常常自憐，或到處抱怨有人對不起他，萬萬沒有想到自己最羨慕的總經理，即使年薪千萬，也會委屈到想離職。其實，你不必這麼委屈……

有一次朋友邀我到家裡作客，他學做手工蠟燭一年，見面時送上他的心愛作品——一盒蠟燭。我帶著興奮打開盒子，心情立即跌到谷底，一對蠟燭說不上是什麼顏色，黃的、藍的、綠的……五顏六色混在一起，很快地我意會過來，知道這是做其他蠟燭剩下來的餘蠟拼湊而成，心裡嘟囔著：「還真是有誠意呢！」

臉上的失望一定是太明顯了，朋友沒說什麼，起身關掉電燈，將蠟燭點燃。整支蠟燭襯著光，呈現出透亮的黃色、藍色、綠色……比起單一顏色的蠟燭，更繽紛有層次，照亮整個房間，美麗中透著溫暖。朋友看到我的眼睛開始發亮，才開口說話：

「所有蠟燭中，我最喜歡這種用餘蠟做成的燭光，豐富有魅力，充滿人生況味。」

混色的蠟燭，真實的人生

那一陣子我的工作處於低潮期，內心隱藏著不少委屈，任誰都看得出來我的笑容變少了，因此朋友特別邀我到家裡，送我這一對蠟燭。他說**沒有一個工作是不委屈的，把這些委屈收集起來，就像把餘蠟收集起來，做成的蠟燭雖然不是自己原來夢想的顏色，不夠純粹好看，可是點燃之後，散發出來的燭光卻是最迷人**，可是卻說不出是哪一個顏色讓它這麼動人。

自此以後，當工作上有任何委屈時，我就點上這一對蠟燭，看著燭光，然後發出一聲喟嘆：「啊，這就是人生！」

等心情平復下來之後，捻熄了燭火，連同委屈，將蠟燭一起收進櫥櫃裡。幾次之後，我發現到，有時候委屈是不必面對或處理，把它收起來，時間自然會淡化它。一段時間之後，會產生一種恍如隔世的錯覺，怎麼也記不起來當時受委屈的心情與細節，還奇怪地想著：「想不通……當初究竟在委屈什麼？」

委屈，可能是自己想出來的

沒有一個工作，可以完全按照自己期待的「顏色」演出。想要白的卻不是白的，想要粉的卻不是粉的，想要紅的卻不是紅的，混進了一堆討厭的顏色，東一塊西一塊，模糊不清，說不上究竟是什麼顏色，而這就是職場的真相！

所以，沒有一個工作是不受委屈的。不論是小職員、中階主管，甚至是總經理，大家都一樣，在工作中都有委屈要受，差別在於承受委屈時的態度罷了。

我有一位離職同事Max，在新公司已經做到中階主管的位子，最近經手的幾件案子做得不順利，還在忐忑不安之中，發現屬下竟然已經早一步，開始犯上作亂。不只越過他向老闆報告，還慫恿前主管回任，而前主管也配合放話：「這些案子我是搞定了！」部門氣氛透著一股怪，讓他不禁起疑心，並注意到老闆未吭聲，看不出老闆的意向，於是委屈襲上心頭，越想越鑽牛角尖。

「好歹我也是他們挖角來的主管，太過分，用耍陰的方式對待我！」

「我就跳槽給他們看，讓他們痛失人才，感到遺憾。」

連總經理也會受委屈

Max聰明能幹、積極主動，一直以來仕途順遂，個性也一向自負，對於委屈是一點都不想領受。他的行動力超強，一星期內就連絡上大六歲的學長Doug，想要問問對方有沒有機會跳槽。Doug在一家領導品牌擔任總經理，年薪據Max猜想應在千萬上下，是Max崇拜的對象，而這家企業也是他嚮往的良木。

到了餐廳，學長才一落座，就開口問Max最近業界的人事動態，Max馬上聞出一絲不對勁，半開玩笑半挖苦地說：

「不會吧！連貴為總經理都想要換工作……？」

Doug未針對這個問題做正面回應，可能是因為一肚子委屈無人可訴，好不容易碰到一個說得上話的學弟，忍不住一古腦兒道出心中的不快，談起他身處一人之下、萬人之上的心情，他說：

「到了我這個高階，不怕挑戰，不怕壓力，在意的只有一件事，那就是老闆的信任。只要老闆肯給予信任，赴湯蹈火，在所不辭啊！」

「我們要的是一個舞台，如果只是被當作傀儡，沒辦法做主有所貢獻，這個工作再繼續做下去也沒意思。」

不要抱怨，交給時間

聽到這裡，Max才恍然大悟，領略到一個職場真理，那就是沒有一份工作是不受委屈的，即使年薪千萬的總經理也會受委屈，也會想離職他去，只是因為位階不同、高度不同，彼此的委屈不同罷了。

到了今天，時隔一年，人事並未全非，地球依然在運轉。Max還在原公司，因為他後來發現老闆根本不知道屬下在製造是非，而且態度上仍然照樣挺他；Doug也還在原公司，繼續幹總經理，無風也無浪，外界完全看不出有任何異樣。

工作上受了委屈嗎？也許你要做的，只有一件事，將委屈交給時間。真實的職場人生，不會是單一顏色的蠟燭，而是混色蠟燭，混了各種你要或你不要的顏色。委屈的時候，點燃它，看著搖曳的燭光，照見另一種不在期待內的色光，也別有一番風情。

【採取行動】面對工作不順利的委屈，你可以這麼做——

工作上，一定會有委屈的時候，有本事的人不是自覺委屈，而是採取行動，正視委屈是一定存在的事實，也是人生的一部分，接納它，並透過它了解自己與職場，讓工作更順心，人際更圓滿。

祝福，可以讓過去變成漂亮資歷

離職原因中，有九成都是對公司有所不滿，也都以為離職可以造成公司的損失，可是離開後，卻發現公司沒有自己，反而發展得更好，心裡很不是滋味。其實，你不必這麼委屈……

我們沒有自己想像中那麼偉大，沒有了我們，地球仍然在運轉，詛咒地球是沒用的！

Elle今年三十歲，是我一個來往廠商的承辦人，盡職認真，讓人信賴，可是她過去三年的人生經歷，讓我有一個省悟，那就是情人沒有你，可能會過得更好，和下一個女人更幸福！公司沒有你，可能會經營得更好，而下一個同事做得比你還棒！

每個人都認為自己在別人心中是獨一無二，無人可以替代，所以離開時，為了突顯自己的重要性、強調自己的不可取代性，很多人會唱衰前任情人會痛不欲生、或詛咒前公司會重創垮台，但這一切不過是顯得自己小器與無知，而且事實往往和自己唱反調，讓人無法接受，更加難以面對離去的痛苦與難堪。

放下，才能讓自己前進

Elle三年前因為男友另結新歡，提出分手要求，Elle除了捨不得四年感情，面子也下不來，覺得自己是被劈腿的正宮，心裡充滿怨懟，即使一年後，我仍聽到她在唱衰前男友的新感情，而她的理由是這樣的：

「同居兩年，家具是我買的，家事是我在做，連他的臭襪子都洗，我不相信還有哪一個女人會心甘情願地為他犧牲與付出。」

「他的家經濟負擔重，房租是我在付，很多吃用的花費我也都默默付掉，給他保留面子，我不相信有哪一個女人會像我這樣體貼他的情況。」

接著，Elle就會一廂情願地以為前男友會受不了新女友，「到時候他就會知道我的好！」「到時候他就會明白沒有人會比我對他更好！」因此，Elle認定前男友最終一定會回到她的懷抱，求她回頭，不過Elle會嘴硬地說：「哼，到時候再看看我要不要他囉……」

說老實話，每次聽Elle抱怨，我都覺得不解，女友的價值怎麼奠定在不斷地委曲求全、奉獻犧牲上，而不是一些美好快樂的記憶？而當一段感情結束之後，作為前女友為什麼不能寄上祝福，讓自己也能了無牽掛地發展一段新的幸福呢？充滿怨念，唱衰前男友，完全無濟於事，只是讓自己活在過去陰影裡，原地不動，無法前行，耽誤的是自己的青春歲月。

失控，只會造成更多傷害

一切果真事與願違，去年Elle聽到前男友結婚了，前塵往事再度湧上心頭，更加無法原諒對方的背叛，詛咒他的婚姻必將走向破滅。

「跟我談四年戀愛、兩年同居，感情這麼穩固，都沒提到結婚！跟一個女人交往一年就閃婚，一定會出問題，看著好了，等著收到他的離婚通知。」

天哪，實在是太惡毒了！Elle因為感情不如意，沒有做好心理調適，把自己變成一個不快樂的女人，內心盡是負能量，怎麼勸她都沒有用，問題是當她把這種心情帶到職場，不幸自是悄然掩至，無聲無息，而Elle本人渾然未覺。一個不幸引發一連串不幸，有如屋漏偏逢連夜雨似地發生了，擋都擋不住。

Elle因為失戀不久，心情抑鬱，看什麼事情都特別有角度，面對時也特別有態度，對這件事不順眼，對那件事有意見，無法心平氣和地和主管好好溝通，幾次讓主管下不了台，主管便慢慢把事情排開，不讓Elle負責，Elle還沒有警覺到這是風雨來臨之前不尋常的寧靜，仍然我行我素，前年終於在一個可大可小的事件上被主管放大處理，難逃開除命運。

詛咒，不會提升自己的價值

這次是從職場離開，又是一次分手，Elle還是沒有學到教訓，依然用一樣的思維邏輯，不脫怨念與唱衰。

「我天天加班，有緊急任務就二話不說接下來，像我這種人難找了！」

「同事都在罵這位主管，我走了，其他同事也會跟著走，這個部門一定垮！」

「你看，過去我一個人做的工作，現在要三個人來做，早知道加我薪不就都省了！」

前東家是上市公司，Elle還咬牙切齒，詛咒前東家的股價一定下跌。當時是八十二元，她斬釘截鐵地說會跌到五十元以下，要我買空賺一筆。結果兩年過去，股價漲破百元，漲幅約有六〇%，而市場上的消息都指出這家企業前景看好。

至於Elle自己呢？從前年離職至今近兩年之間，換過兩次工作，每份工作只做幾個月，在每家新公司都出現適應不良的症狀。他的老東家越做越好，股價上揚，而她的工作卻是越換越差，從大企業一路換到小公司，薪水下跌。

祝福，可以讓過去變成「漂亮資歷」

公司是會自動學習的有機體，懂得從失敗中記取教訓，避免下次重蹈覆轍，在發展上一定是越來越強壯，越來越成功。即使有一些公司會逐日走下坡，癥結也不在某一位員工，有可能是經濟景氣下降、產業生態改變、新的競爭者加入或公司經營不善等原因所造成，絕不可能是一名非關鍵性的普通員工可以決定成敗，尤其是大企業。

怨念、唱衰、詛咒讓前情人或前公司變差，讓自己的人生充滿不堪回首的往事，做不到心無懸念的割捨，活在不快樂中，比較起來，祝福是更好的態度。

祝福他們吧，他們好，你就會更好！讓他們成為自己人生的其中一項「漂亮資歷」，對自己的未來加分，讓別人一聽到你就說：「啊，你曾經是某某的女友，他很棒，你一定也很棒！」「啊，你曾經在某某企業做過事，這家企業非常成功，你一定也非常優秀！」到時候，你就知道自己有多愛別人提起你的過往資歷！

我們可以成為今天的自己，請感謝所有的「前任」吧，是他們給我們經歷、學習與成長，不論過程是快樂或痛苦，畢竟我們勇敢走過了。

【採取行動】面對被「前任」拋下的委屈，你可以這麼做——

一切都是最好的安排。有本事的人不是自覺委屈，而是採取行動，曾經不愉快的人與事都是一份禮物，心存感恩，謝謝它們帶來的歷練與成長，成就今天強壯的自己。

有時候離開只會讓自己受傷

對工作懷抱理想與熱情的人，最容易受挫，一直在尋找理念相合的雇主，他們願意竭盡所能，貢獻所長，一展抱負，可是事與願違，碰到的都是理念不合，讓人痛苦不堪。其實，你不必這麼委屈……

最近，公司來了一位應徵者，三十四歲，換過七個工作。問起他在每一個工作的離職原因，說來說去，就是一個答案，「和老闆的理念不合」。

因為「理念不合」離職，三成企業不會錄用

「第一份工作，是對於主管的管理風格有不同看法，他覺得要事必躬親，我認為要充分授權……」

「第二份工作，是對於老闆將業績獎金制度改來改去有意見，這樣我們會失去衝刺的動力……」

「第三份工作，是對於經營客戶的理念有出入，他認為客戶先騙進來再說，我覺得這樣事後爭議大……」

還未講到第七份工作，面試官就暈了，聽不下去，擔心錄取後戲碼重演，因為理念不合而再次離職；不過面試官也憂心，這個人意見太多，「他抱怨老闆主管難搞，我怎麼就覺得他更難搞？」

事實上，人力銀行也調查過，在面試時說離職原因是和老闆（主管）理念不合的人，三成不獲錄取，足以顯示企業對於這個說法是心有餘悸，不想重蹈覆轍，誤用到異議分子，搞得公司雞飛狗跳、烏煙瘴氣。

因此在面試時，「和老闆（主管）理念不合」並不是一個好的離職原因，倒不如說「另有生涯規畫」來得安全，雖然是一句空話，倒也無爭議。

搞清楚是「理念不合」或「頻率不對」

不過和老闆（主管）無法共事愉快，不一定是理念不合，有可能是頻率不對。這兩者完全不同，前者是對事，後者是對人，對事還有得救，對人就比較棘手。

倘使主管看到別人眉開眼笑，看到自己就臉拉下來；倘使主管不論在工作分配、績效考核或升遷加薪上有兩套標準，對別人用A套，對自己用B套……很明顯地，這就是針對個人，原因有兩種，第一種是自己的行為需要調整，第二種是彼此頻率不對，讓主管老闆無意識的偏心。

一般人碰到這種對人不對事，就會大呼「不公平」，請注意，這是小學生向老師告狀時的用詞！今天已經成年了，就要懂得人生本來就是不公平，主管老闆喜歡別人不喜歡你，事實就是這樣。可是你有選擇的權利，選擇怎麼讓他也對你偏心，如果該做的努力都做了，仍然天不從人願，就選擇死心，彼此都放過對方。

理念不合還有轉圜空間，頻率不對就真的是天注定沒得談，若是硬要為此改變自己的個性與行為，只會更覺得人格扭曲及委屈受苦，還不如離職他去，換個風水，一切重新開始吧！

理念不合？公司才會進步！

至於理念不合，只要不涉及違法或道德，一切好談，可以再議，不必然就要下成一盤死局。

和主管或老闆的理念不合，根據人力銀行調查，六成的人選擇不溝通，私底下勉強配合或消極抵抗。嚴格說起來，這六成的人不能說是「理念不合」，因為從頭到尾，主管或老闆根本沒聽過他們說出自己的理念。

另有四成的人會將自己不同的理念表達出來，如果想要做這一類敢於諫言的英雄，就不要讓自己變成革命不成便成仁的烈士，不妨先理解以下三個基本概念：

1. 理念不合，應該的！

老闆（主管）的位階高，資訊就會不對稱；責任重，考慮就會不同；經驗多，方法就會有異…在這些原因之下，如果理念還和員工相同，就沒有資格坐在這個位子。硬是要求理念相同，其實是自己無理，不是主管老闆專斷獨行。

2. 理念不合，才會進步！

「理念不合」不是毒蛇猛獸，不必急著消滅它們，反而是要承認它們的存在，擁抱它們帶來的進步。一家公司裡有一些異議分子，不要當他們是恐怖分子，他們會帶來不同意見，以及超越現況的改變。

3. 意見不被採納，很正常！

公司的經營成敗責任是由老闆（主管）扛，在努力溝通之後，就不要妄自尊大，覺得自己的意見比較重要，必須被採用，不合己意就認為主管笨、老闆蠢，不如自己優秀。

對於任何一個有想法或有經驗的上班族來說，和老闆（主管）理念不合是很普遍的事，身為一個專業人士，應該適時提出。但是如果企業文化不鼓勵勇敢表達，也可以採取沈默以對，卻要保持高度警覺，如果公司因為忠言逆耳，經營方向不對，出現業績衰退的情形，就要有另擇良木而棲的準備。

即使如此，在面試時仍不建議回答「和主管老闆理念不合」，因為它不會給自己加分，反而帶來疑慮，或貼上異議分子的標籤，或據以認為不善於溝通說服，還不如換另一個無關輕重的理由會更安全。

【採取行動】理念不合的委屈，你可以這麼做——

理念不合就離職，一定會找不到理想的工作，有本事的人不是自覺委屈，而是採取行動，不僅接受理念不合是職場的常態，視為進步的動力，並用績效讓公司潛移默化地改變，這才是有實力！

我們都是主動選擇了一種生活

從外國打工度假回來，一時半刻無法適應台灣的職場，工作辛苦、壓力極大，薪水卻是不高，顧不了生活品質，也存不了錢，懷疑這樣工作下去有什麼意義？其實，你不必這麼委屈……

同樣是工程師，同樣是到澳洲打工度假兩年，同樣是賺一百萬回台灣，一個人無法接受台灣低薪的現實，一直心有未甘，待業半年還在猶豫下一步要怎麼走；另一個人認清現實，不被薪資綁住，務實地布局，五年後薪水翻了一倍以上。

一樣的起點，不一樣的終點，這樣的情形不會只發生在三十歲，往後的人生將會再多次碰到，如何不斷創造「第二次曲線」，拉出下一個高峰，將決定你是贏家或是魯蛇。

打工度假後，無法適應台灣低薪的現實

三年前，Brian退伍後，在一家大廠做了兩年品保工程師，月薪四萬三。私立科大畢業，Brian的際遇很幸運，同學都很羨慕他的薪水，但是他不滿意，覺得房價一直飆，物價一直漲，四萬三根本無法讓他過一個有品質的生活，毅然決然離職，到澳洲打工度假兩年。

一如所願，Brian帶著一百萬元的存款回台灣，可是時隔兩年，台灣的就業市場不景氣，工作難找，依他的學經歷，找到的工作都不到三萬五，在澳洲領慣六至八萬月薪的Brian無法接受。

待業半年，Brian心有不甘，想趁著還有一年多才滿三十歲，再回到澳洲打工度假，多賺一點錢，可是父母有不同意見，認為Brian好高騖遠，都是打工度假把他對薪水的胃口養大了，無法適應台灣的現實面，養成眼高手低，拿不了低薪。

父母問：「別人可以領三萬五過日子，你為什麼不行？」

Brian答：「可是，現在連三萬五的工作都不好找啊！」

父母說：「都是你要去澳洲打工度假，把一個好好的工作弄丟了！」

Brian回：「可是我賺回一百萬啊！在台灣哪能存得到這個錢？」

父母與Brian陷人無限迴圈的爭吵裡，而Brian看著日曆一頁一頁撕去，三十大關一日一日逼近，不能再回去澳洲打工度假，心裡焦躁不安，整個人完全迷失，不知道自己是要快快去澳洲打工度假再撈一年的錢，還是留在台灣找一份三四萬的工作，就這樣過一生？

打工度假後，不能接受工作與生活無法平衡

「去打工度假回來的人，找工作都要找很久，」一位二十八歲的上班族談起他的同學朋友，在打工度假回來之後，求職心態出現明顯變化，他說：「即使找到了，也要適應好長一段時間，要換過幾個工作才能安定下來。」

除了薪資的落差大之外，Brian也羨慕澳洲的工作與生活，覺得那才是人

生！下工之後，和朋友坐在長廊，望著無際的草原，和風徐徐吹來，喝幾口啤酒，東南西北地聊起來，身心放鬆，好不愜意！大家做的都是勞力工作，不需用大腦，步調緩慢，雖然身體勞累，可是單純的動作卻充滿「療癒」！

回到台灣，工時長、壓力大，整天八小時看來看去都是機器與儀器，身心緊繃，雖然廠區也提供健身設備或游泳池，Brian卻覺得人工而虛假，只能鑽回宿舍，宅在房間裡滑手機或打怪。

「當我知道什麼是美好生活之後，很難再回到這種機器人生。」

Brian的人生，從澳洲回來之後完全卡住，像壞掉的電影從此定格，沒法往前看，只能倒帶往回看，看的都是舊畫面。

懷抱夢想，做自己愛的工作

對照於Brian的不適應，Sean完全是另一個典型，在去澳洲打工度假之前，他在大廠擔任製程工程師，薪資四萬八，去澳洲兩年，除了賺到第一桶金，也想清楚了自己的志向，他希望寫作可以讓他賺到薪水及快樂。

回到台灣，由於缺乏相關背景，Sean先從薪水微薄的出版社切入，用盡辦法自我推薦，終於爭取到一個出版社編輯的職位，薪水二萬三。清大理工碩士的Sean這時已經三十一歲，卻滿懷感激地接下工作，認真勤奮地做，閒暇時則從事創作。做滿一年之後，轉戰網路經營社群，由於表現優異，薪水從二萬八加到三萬八。

一樣地，滿一年之後，Sean再跳至新聞網站，做新聞編輯，薪水調至四萬。最後換到目前這個工作，一家農場網站的主編，憑點擊數領獎金，每個月薪水加獎金至少領到五萬元，多的時候還領過八萬元。

屈指一算，五年過去，從二萬三起，現在薪資增加一倍，甚至兩倍，遠超過剛回國時的想像，Sean心滿意足，做的是喜歡的工作，薪水比擔任製程工程師還高，讓他充分體認到：「夢想，原來也可以餵飽肚子！」

澳洲只是過站，不是終點

不過，同學朋友最好奇的，仍是Sean當初怎麼捨得放棄薪資近五萬的大廠工程師工作，遠赴澳洲打工度假；回台後不回舊職，而屈就二萬三的小編輯工作？

一個人在北部工作與生活，Sean的吃住負擔沈重，可是Sean認為年輕吃苦是必經的歷程，才會去澳洲當殺牛的屠夫，而異國的文化震撼讓他明白，人生目的是追求快樂滿足，因此一定要做會開心的工作。

至於薪資，Sean認為起薪低只是一時，勤懇努力並拿得出成績，薪資不會低一輩子。而且他深信，工作是越換越好、越待越呆，一定要有策略與布局，藉由跳槽才能不斷往上調薪，從低薪困境中跳出來。

「澳洲，只是我人生中的一段岔路，風景再美，還是要走回原來的路。」Sean說，他從未留戀澳洲的高薪，「殺牛不是我這一輩子的志業，賺再多都不是我的終點。」

在澳洲，Sean只是過客，無法展現才華與價值，於是他轉換跑道、降低薪水，做盡一切改變，不斷突破、不斷成長，追求生涯的第三次曲線，再創第三次高峰，一步一步奔向夢想，得到的回報是脫離低薪，擁抱更大的舞台。

做你沒做過的事，叫做成長！做你不敢做的事，叫做突破！做你不願意做的事，叫做改變！回到台灣之後，Brian與Sean命運不同，原因就在這三種個性不同。

【採取行動】面對台灣整體勞動環境不佳的委屈，你可以這麼做——

比較過國外的工作環境，不能適應台灣的低薪高壓，有本事的人不會自覺委屈，而是採取行動，認清自己最終還是要在一個專業領域落地生根，腳踏實地，一步一步往上爬，這才是真正的未來！

你的位置不在戲棚下

很多人工作看似認真負責，其實只是在當奴工，沒有做自己的主人；他們是自己生涯的觀眾，不是演員，還一直抱怨懷才不遇，為什麼沒有演出機會？其實，你不必這麼委屈……

有些俗諺，隱含著人生智慧在裡面，但是不深究其中道理，有時反而會被誤導。像「戲棚下，站久了就是你的」這句俗諺，很多人的真實經驗卻不是這樣，而是反向證明「戲棚下，站久了也不是你的」。

這個跨越不同世代的俗諺，怎麼會發生這麼大的錯誤？

這句俗諺，你沒讀通……

很多人乍看這句俗諺時，都將重點放在「站久了」，而漏掉「戲棚下」這個關鍵詞。既然是戲棚下，其實講的是觀眾，不是演員，可是在人生舞台，人人都是台上演員，不是台下觀眾，這句講觀眾的俗諺根本無法套用在人生裡。

即使是當觀眾，這句俗諺的背後意義也讓人悲涼。想想看，什麼時候前面的人潮會散去，站在後面的觀眾有機會擠到前面更好的位置看戲？如果是一齣好戲，前面的人潮是捨不得散去的，站久了不是等到一齣爛戲，便是已經近尾聲，這樣的戲不值得付出時間癡癡站到天荒地老。

可惜很多人不深究這句俗諺的道理，**每每走到人生十字路口，在需要做選擇時，不想勇敢做出任何行動，就把「戲棚下，站久了就是你的」搬出來自我安慰，好像充滿「老人的智慧」，不過是自我欺騙罷了。**

錯用這句俗諺，就會等來錯誤的人生結局。

等了三年，怎麼不是我？

三十五歲Claire，是部門裡資歷最深的員工。三年前主管離職，Claire自我評估資歷最深，這個主管懸缺一定由自己遞補上來，於是等啊等，一等三年過了。在這個等待期間，Claire除了自己分內的工作外，也要處理懸缺主管的工作，等於是地下的暫代主管，這樣的態勢任誰看來，都會認定Claire是升上主管的不二人選。

今年年初，這個懸缺終於拍板敲定，但是「新娘不是我」，Claire未被拔擢，反而從外面空降了一位主管。這個噩耗讓Claire瀕臨崩潰，同事也萬分不解，紛紛替她打抱不平，打算聯合排擠新主管，傻傻地以為只要新主管走人，Claire就會被扶正。

就像突然被醫生宣告罹患絕症的病患，不斷問「怎麼會是我？」而Claire問的則是「怎麼不是我？」可是一如過去三年的態度，Claire並未直接去找老闆問個清楚，也未反映內心的不滿不快，而是私底下自怨自艾，與同事相互取暖。在此同時，老闆好像渾然不知Claire的心情感受，未找Claire閉門深談，加以安慰。結果，猜怎麼著？

半年過了，Claire還是留在原位，新主管卻越做越順手，結局完全不如老同事預想的那樣。時間久了，大家淡忘Claire心裡的傷痕，不再把她視為接手主管的潛在人選，戲棚下站了三年不過是一場空。

這裡不留爺，自有留爺處

四十五歲的Eugene在十五年前也碰過類似問題，他的反應與作法和Claire完全不同。同樣是部門最資深員工，同樣是努力認真，同樣是主管出缺卻懸著不補，可是Eugene不認為要沈默以對，他直接敲開老闆的門，了解自己有無可能升上主管，得到的答案是這個缺不補，由老闆親自接管。

再做三個月，Eugene認為老闆沒有打算升他當主管，在這家公司不具前景，毅然決然遞出辭呈。後來他轉至演藝圈做戲劇，從編劇一路做到製作人，幾部偶像劇在中國大賣，事業成功，口袋也麥克麥克。回頭來時路，Eugene慶幸自己沒有傻傻等下去，而是勇敢跳離僵局，做出改變，迎來第二春。

「我是拍戲的，最懂『戲棚下，站久了是你的』這句俗諺的真正意涵，它是在講台下的觀眾，不是在講台上的演員。」Eugene說：「換作是演員，若是這麼苦苦站下去，青春都沒了，那裡還有戲可演？」

離開前東家一年，Eugene發現垂涎的主管缺的確一直懸著；再過一年，前東家垮了，至此Eugene才明白，公司早就經營困難，老闆不補缺是為了省掉一份主管的薪水，和自己是否具有管理能力根本不相關。他不禁拍拍胸脯說：「還好，沒有繼續等下去，否則等到最後不僅是主管缺沒有，連公司都沒了。」

你想當觀眾，還是當演員？

前後兩個例子，反映出兩種心態：

1. 觀眾心態

Claire雖然想當主角，卻是徹頭徹尾的一名觀眾，守在台下默默等著，對於自己的職涯採取被動因應，不敢爭取權益，也不敢表達企圖心，任由公司宰制。說真的，老闆不升他當主管是對的決定。

2. 演員心態

Eugene也想當主角，便跳到台上當演員，搶不到主角就換舞台，結果讓他找到更大的舞台，也真讓他當上主角，發光發熱，功成名就。這樣的人勇敢果決，不只是當主管的格局，還具備開創者的態勢，注定要打出一片天。

在人生這個舞台，有兩種選擇，其一是守在台下當觀眾，把自己的人生讓給別人決定，這樣的人在台下站再久都是徒然；其二是躍上舞台當演員，自己的人生自己來演，的確是有機會從跑龍套到當主角。

所以，面對人生抉擇時，重點不在於等待的時間，重點在於心態與觀念。心態錯誤，站再久也只不過是換來腳酸罷了，曲終人散剩下一個觀眾還有什麼意思呢？

【採取行動】面對機會落空的委屈，你可以這麼做——

工作是一個舞台，站在戲棚下當觀眾，一定不會有演出機會，站再久也沒用。有本事的人不是自覺委屈，而是採取行動，跳上舞台，當一個角色，就算是一開始跑龍套，只要表現好，就有機會當主角。

在錯誤面前，自尊一文不值

自尊心高的人追求完美，不容許自己有一點破綻、做事有一點瑕疵，並期待換取別人高度的讚許，所以當出現批評時，就會玻璃心碎一地，阻礙進步。其實，你不必這麼委屈……

一個人的心，可以塞滿各式各樣的東西，就是不要被某一樣給完全塞滿，不論是好的或壞的，像是自尊、自信、謙虛、敏感……。也就是說，你的心不是花田，而是一座花園。

花田只種一種花，花園則是每一樣都種一些，每季都有美麗的花可以開，都有一番風情可以欣賞，春夏秋冬皆是美景，有四季變化的花園是最好的「心境」寫照。

自尊心是助力也是阻力

辦公室有一種人，是大家最愛一起共事，也最害怕一起共事，那就是好強的人。他們的心田只種一種花，那就是滿滿的自尊心，這種人能力強、自我要求高，績效最優，卻可能也最難以溝通協調、轉彎改變，本來是企業前進的助力，最後卻極有可能變成阻力。

Morgan退伍後五年，換了兩次工作，三十歲的他頂著名校商學院畢業的光環，自尊心高，認真努力且使命必達，績效相當好，可是一直無法升遷，他不解也不服氣，就用跳槽的方式力求突破，追求下一個有升遷發展的舞台。

到了第三份新工作，主管觀察他一陣子以後，便放手讓Morgan自由發揮，他自己也滿意有獨當一面的機會，把想法付諸實行，充滿成就感。同事也樂於與Morgan合作，因為Morgan總是在期限前交差，而且正確無誤，讓團隊成員都感到輕鬆愉快。在這一份工作，Morgan認為自己唯一要做好的事是：

「每個月交出漂亮的報表，一定有升遷機會！」

如果事情順順著來，Morgan的表現可說毫無瑕疵，完美極了。相反地，如果事情是逆著來，不如Morgan的預想，Morgan就像被踩到貓尾巴似地情緒大暴走，前後判若兩人，讓同事與主管嚇一跳，無法適應Morgan的另一面。

是自尊心？還是玻璃心？

有一次，老闆注意到廣告費激增，希望相關單位檢討改善，其中也包括自從Morgan到任以後，關鍵字的花費增加一倍，主管便找他商量想辦法降下來，不料Morgan認為這是對他個人工作能力與人格品德的「指控」，並堅持公司cost down不應該從績效最佳的他下手，不只不公平，也搞錯對象。

「公司是在懷疑，在做關鍵字廣告時，我都在亂花錢嗎？」

「可以啊，我就少開發客戶，關鍵字的費用就會省一半。」

Morgan把節省廣告費這件事，解釋成在責怪他亂花公司的錢，內心塞滿不以為然，聽不進主管的任何建議，也不想做任何改變，因為如果有所改變，無非在證明Morgan之前的做法有瑕疵。過了兩個月，老闆發現只有Morgan沒有任何改善，便找他談話，哪裡知道Morgan這樣回應：

「到公司以後，我盡忠職守，想辦法達成各項績效目標，沒有任何一個缺點可以挑剔，我不懂公司為什麼要懷疑我在廣告費上動手腳？」

「如果我這麼不足以讓公司信賴，立刻辭職算了。」

自尊心成了阻礙升遷的致命傷

老闆閱人無數，馬上抓到Morgan的問題所在，自尊心太高，高到過度敏感，才會過度情緒反應。即使再愛才，願意包容Morgan的言行，老闆仍然在心裡打了一個大叉，他說：

「名校畢業，代表IQ（智力商數）高，可是一旦自尊心太高，在EQ（情緒商數）與AQ（逆境商數）的表現就會差，不足以擔負重任。」

後來，Morgan在這個第三份工作，仍然未能如願步步高升，始終不知道問題出在哪裡，在不服氣的心態下，一年之後再度離職跳槽。

自尊心高的人都是完美控，不容許自己出現一點瑕疵，在績效表現上絕對是一個優點，可是**當自尊心高過了頭，在人情世故上就會形成弱點。它會讓自己走向一個人的孤絕，容易斷裂**，毫不回頭，在不斷放棄與再出發中跌宕起伏，在這個世界打拚注定要備感辛苦。

這種人的能力高強，也肯為了目標付出努力，最終如果無法有一番成就，不只是不成功而已，還會極度不快樂，抑鬱寡歡一輩子，令人心疼與惋惜！

有批評才有改善的機會

職場上，每天每件事都在變化中，沒有標準答案。立場不同，角度就不同，觀點也會不同，來自其他人不同視角與意見會變得相對重要，可以讓事情更細膩周全，不易出錯。

可是，自尊心高的人把「自我」無限放大，認為別人是對人不對事，針對「自己」而來，不同的意見會被解釋成是「不認同自己的想法」，提出改善會被解釋成是「不滿意自己的表現」，什麼事都會多心多想，敏感脆弱易受傷，最後變成誰也不敢接近的刺蝟。

當別人因此閉上嘴不再給意見的同時，等於也關上給各種機會的大門，這使得自尊心高的人的改進空間不大，來自別人的助力也小，在長長數十年的職場馬拉松中，即使能力再高強，最終都會被甩到隊伍的尾巴去！職場上常說「個性決定命運」，惋惜的就是這種悲劇英雄。

你是不是自尊心太高的人？如果老是出現以下情況，就算是！請提醒縮小自我，在心田裡除了自尊心外，也種點別的花，比如真正的自信心與謙虛心。

「我這麼聰明與努力，升遷為什麼不是我？」

「每次被主管講兩句，我就久久無法釋懷，甚至會崩潰大哭。」

「別人在給我意見時，我有注意到他們總是小心翼翼的用詞遣字。」

（我好像，看到不少人在點頭，說：「啊，我就是這樣的人……」）

【採取行動】面對被批評時的委屈，你可以這麼做——

高自尊的人，也是最脆弱的人，在遇到批評指教時，有本事的人不是自覺委屈，而是採取行動，進行切割，就事論事，不視為對自己的人身攻擊，強化心理素質，珍惜別人的建議，讓自己有進步的空間。

第六部

成長是一輩子的課題

你再也無法偷懶，因為工作不是人生的全部，所以不能躲在工作的背後，而是要探出頭來，認真思考人生，最後會發現，只有不斷學習與成長，才是這一輩子最重要的課題，讓工作中的你更強壯，也讓生活中的你更幸福。

隨時為幸運做好準備

成功的人總是謙稱自己是幸運的，一般人信以為真，以為成功的人比較幸運，自己則運氣不佳，所以才不會成功，就算是努力打拼也是徒勞無功。其實，你不必這麼委屈……

默默無聞也有爆紅的一天！台北有一位警官名叫宋俊良，有一雙鷹眼，休假時破大案，搶得頭功，瞬間成為媒體注目的焦點。

一銀盜領案主嫌安德魯在東澳用餐時，被鄰桌警官宋俊良意外發現，偷偷用手機比對，發現右眼上方黑痣特徵相符，趕緊向派出所通報，結果一舉捕獲安德魯。面對媒體的訪問時，宋俊良低調地說，他只是多了一份警覺，能立下大功不過是「運氣好而已」。

準備好的人，才能得到機會

這位三十九歲的警官，對於社會大眾來說，幾乎是默默無聞，在網路上能查得到的資料，也只說他目前在台北市警察局公關科服務，擔任議會連絡人。

即使是休假，仍然保持高度警覺，遇事沈著老練，能具備這樣的人格特質、敬業精神及標準動作，已經不是運氣，而是靠日積月累的練習，長期養成的工作自律。自律和宋俊良融為一體，內化成他這個人的一部分，一遇到情況自然反應，不刻意也不自覺，認為不過是舉手之勞，而謙稱是好運氣。

同樣的一個機會，發生在別人身上，不見得會帶來好運氣。唯一能識別機會的，是長期養成的自律。

機會，常常用的不是一般人期待的方式現身，即使是迎面走來，多數人仍然與它擦身而過。常言道：「機會是給準備好的人」，機會無法預測，不知道何時何地會出現，也不容易辨識，因此這句話應該倒過來才切合事實，改成「準備好的人才能得到機會」。

一日成功之前，是默默無聞的努力

很多各行各業的頂尖人士接受採訪時，常常千言萬語一時不知從哪裡說起，索幸將成功總結於一句簡單的話：「我的運氣比較好而已。」可是深入探究下去，**其實運氣在他們身上所扮演的角色微乎其微，是靠長期努力、不怕困難、堅持不放棄，是自律讓他們走到成功的終點**。

運氣是一株向光的植物，永遠朝向光源生長，這是有些人給人感覺總是運氣特別好的原因。因為他們本身是發光體，正向能量吸引正向能量，貴人不是別人，而是自己。有些人總是抱怨運氣差，認為時不我與、生不逢時，老是慢一步，與機會錯身；事實不然，是因為他們一直站在背光處，運氣才會背。

所有一日成功、一日致富、一日走紅的人，倘使後來這些一日可以持續下去，那麼被誇飾的「一日」不過是為了平添故事的傳奇性。事實上，在奇蹟的「一日」到來之前，他們默默無聞地專注工作、努力練習，蹲了很長一段日子的馬步，不自誇也不炫耀，沒有人知道他們的能量蓄積驚人，像即將洩洪的水庫，直到機會到來的那一天，過去累積的能量一下子爆發出來，就會讓外人無不驚歎：「太神奇了，他究竟是怎麼做到的？」

別去追運氣，讓運氣來追你

努力一輩子，就在等待一個偶然。唯有努力的人認得出那個偶然，抓住它，讓它變成機會。偶然就是偶然，不會經常發生，抓住它會帶來不可思議的力量。因為不可思議、無法解釋，只能把整件事說成是運氣好，事實當然不是這樣的！

田中耕一到了四十三歲，還是一個基層的小職員，有一個晚上在辦公室接到一通電話，對方說英語，田中耕一只聽到「Nobel」、「Congratulations」這兩個英文字，心想可能得到什麼獎，旁邊同事還取笑他是碰到詐騙集團。沒多久，記者蜂擁而至，田中耕一才知道自己獲得諾貝爾化學獎。

他只有大學畢業，大學還留級過一年，應徵過Sony未獲錄取，二十四歲進入島津製作所上班，這是一家製造科學儀器的公司。他一生沒有換過工作，一直擔任研究員，廿八歲時，因為一個實驗上的錯誤，在偶然的機會中開發出MALDI（基質輔助雷射解吸／電離法），並寫了一篇學術論文寄了出去，讓他在十五年後獲得諾貝爾獎，全日本第一次知道有這號人物。

機會像一陣風，永遠和人玩躲貓貓的遊戲，沒有人知道它會藏身在那裡，唯一能做的就是累積實力，做好準備，變成超強的發光體，吸引好運氣，讓幸運主動來敲門。

【採取行動】面對運氣不佳時的委屈，你可以這麼做——

沒有奇蹟，只有累積，幸運不是偶然，運氣好是因為剛好有機會碰到你的努力。有本事的人不是自覺委屈，而是採取行動，踏實地做好各項準備，等待幸運來敲門。

成為創造價值的人

薪資只分兩種，一種是企業說了算，這些都是低薪；另一種是員工說了算，都是高薪，而且高到數倍或數十倍，所以誰擁有訂價權，誰就享有高薪！抱怨薪資嗎？其實，你不必這麼委屈……

抱怨薪水不高嗎？何妨看看你手上的iPhone，高薪的祕密就藏在裡面！

蘋果賣iPhone，一支6S plus扣除材料費與製造費，大賺一萬七千元，暴利驚人，可是各大廠仍角力搶蘋果的訂單，為了分到一杯羹，殺成一片紅海。但是台灣有兩家電子大廠卻走自己的路，反而拿到訂單，價格還由他們來訂，那就是台積電和大立光。

不論大立光或台積電，在世界級的強敵環伺下，憑什麼既可以搶下蘋果訂單，又可以向至尊的蘋果喊價，享有訂價權？理由無他，憑的就是獨家技術，只此一家，別無分號，這是蘋果不得不讓步的原因。

什麼是「訂價權」？就是具備可不可以調漲價格的優勢。

有獨家技術，就有訂價權

一般來說，3C產品一出場的價格就是最高價格，再來只有往下走的命運，不論手機或筆電都是越殺越低，到最後只有拚價格一路可走，即使大品牌憑著品質與功能還可以勉強撐一陣子，最終仍然越賣越便宜，台灣代工產業的毛利不得不落得毛三到四。但大立光與台積電不同，他們反其道而行，擁有訂價權，足見創新與研發的實力驚人。

在職場，有些人像大立光與台積電，在薪資上擁有訂價權；有些人像其他代工廠，薪資一路被追殺，不升反降，失去訂價權，沒有主導性。

尤其在經濟成長停滯的今天，越來越多人失去訂價權，代表這些人越來越保不住自己在職場競爭上的優勢，當中的關鍵除了最重要的實力掛帥，另外就是沒有做好個人的差異化。

在獵人頭公司任職主管的周芳瑜接受媒體採訪時，提到她觀察到一個現象，過去每轉換一次工作，約有一〇至二〇％的薪資成長，但是這幾年不少是薪資不動，甚至不升反降，特別是高階主管。因為外商在台灣的規模不斷縮小，企業不免認為，用便宜的價格，尋找降一級的人才就足以勝任。

不過即使如此，她仍然看到一個逆勢操作的成功案例。一家科技大廠有一個財務長的出缺，原來開價年薪二百至二百三十萬元，最後埋單時是三百萬元，硬是多出七十至一百萬元。像這位價值三百萬的人才，不管景氣好壞，始終可以牢牢緊握著訂價權，像大立光與台積電一樣。

不可被取代，就有訂價權

擁有訂價權的人，首要條件就是具備核心技能或關鍵技術，具有不可被取代的價值。在就業市場，只此一家，別無分號，企業需要這類人才，就非用他不可，再也沒有第二個人可用了。做到這個地步，已經不是「優勢」二字可以形容，而是「絕對強勢」。

可是，在職場裡，問起很多年輕人，他們具備哪些技能？得到的答案都讓人憂心，比如：

「我不知道自己有哪些技能？」

「我不確定自己這些技能是不是你們要的？」

當這些年輕人工作一段時間之後，向公司提出加薪的要求，公司希望對方給一個加薪的好理由時，可以想像得到的場面一定是被打槍。

而一些中年主管後來求職無門時，都以為是自己的薪水太高所致，於是降薪以求，結果還是被企業拒於門外。企業當然想要以較低的成本用人，可是如果不具備核心技能或關鍵技術，後面永遠有更年輕更便宜的人才排隊等著。不具差異性的產品，在市場上不是賠錢削價，就是乏人問津，人才也是一樣的道理，高薪不是問題，容易被取代才是敗下陣的主因。

改變策略，就有訂價權

再來，就是要講求策略，逆轉局勢。直直走，拿不到訂價權，繞個彎可能有機會。想要拿高薪，不要再以生產導向，而是以市場導向，進行易位思考，了解企業的立場，滿足他們的需求，解決他們的難題。

朋友Maggie今年四十五歲，孩子上小學要督促課業，加上不想錯過孩子的童年，於是有換工作的念頭，目標鎖住準時上下班且週休二日的工作，這樣的工作不難找，問題在於她鎖定薪水是十萬元以上，就變得異常困難。

棋局走到這一步，好像走死了，Maggie不放棄，改變求職策略，改成同時和兩家公司談，各給薪五萬元，合起來就達到她的十萬元標準。兩家公司大樂，依照Maggie的條件，不給十萬元是請不來的，這下子每月省五萬元，而產值一樣，真是賺到了！

既然賓主盡歡，Maggie順勢提出不上班的條件，兩家企業也一口就答應，一方面是只付五萬元要讓這個大咖天天來上班，說不過去！二方面Maggie做的事不需要在公司完成，有事進公司開會即可。

對於中年轉業的Maggie來說，薪水沒減少，時間更自由，還擁有兩個不同資歷，一舉三得，比原先期待的條件還優渥，她也著實樂壞了！

從Maggie的例子來看，這個策略之所以行得通，還是要回歸實力本位，有實力的人才有訂價權，才能講求策略，在談判桌上談條件，沒有實力的人是沒有這個資格的。

如果你還在抱怨薪水低，原因是在於你沒有實力，沒有訂價權。而所謂的實力，指的是具有不可被取代的價值，這要由核心技能或關鍵技術來決定。

【採取行動】面對沒有訂價權的委屈，你可以這麼做——

薪資領得不高，調薪總是沒你的分，就算有，也少得教人心酸，理由只有一個，因為你太普通！有本事的人不會自覺委屈，而是採取行動，建立個人的獨特賣點，以及不可被取代的價值。

上班身不由己，更要用假日拯救自己

打工的時代來臨！只做一份工作，根本無法養活自己，過有品質的生活，必須兼第二個差，打工或接案變得非常普遍！可是賣時間的工作，薪資仍然少得辛酸。其實，你不必這麼委屈……

「特休假，才是勞工休假問題的核心！」

二〇一六年十月三日小英總統召開府院黨高層會議，針對勞工休假，做出一些拍板，媒體大幅報導，焦點都放在眼前的休假制度，比如一例一休、國定假日等，對於資淺勞工未來會增加特休假卻較少著墨，而這一點是我認為最具新意的部分。

最近紛紛擾擾的國定假日究竟有幾天並非核心，小英總統說，真正要關切的是勞工的休假日是否足夠。因為台灣的產業特性、中小企業壽命短，以及勞工的年資偏低，勞基法規定的特休假根本是「看得到卻吃不到」。

那是老人家過日子的方式喔……

不論是週休二日、一例一休或特休假增多，加加總總的結果一定是休假日越來越多，可就輪到作為上班族的我們要認真去想：

「在這些非上班的時間，可以用來做什麼事？」

很多年輕人的第一個反應是「休息啊！」「睡大頭覺啊！」「無所事事，真正放鬆啊！」「去旅行啊！」「看看電影、吃吃飯和朋友聚一聚啊！」做這些事也都可以，但是每週這樣做、每月這樣過，總有一種相似感，好像家裡的爺爺奶奶也是這樣在過日子，才二十幾或三十幾歲的年紀，是不是會有點不好意思呢……？

正當青春年華、意氣風發的年紀，心裡會想，應該做點不一樣的事，讓自己在未來有更多的記憶，或是讓現在的自己走出另一條路，也許會更有意義、更有價值，活得充實有滋味。

那麼，何不試試看，讓夢想起飛？

還記得嗎？內心角落，有一個小小夢想……

對於多數人而言，工作就是工作，它是一個飯碗，圖個溫飽，或是在社會取得一個定位的立足點，換來身分地位，再來就沒有了。談不上自我實現，也無法完成夢想，更不是靈魂的歸宿；雖然有薪水、有職銜，還有小確幸，可是心裡老是虛虛的，不甘心就這樣過一生，總覺得辜負在心裡角落蒙塵的那個小小夢想。

以前沒有週休二日，加上老闆要求責任制，每天沒日沒夜的加班，到了假日當然是躺個四仰八叉地睡大頭覺，好好休息個夠，否則真是對不起自己。

現在不一樣了！馬上幾乎全民週休二日或一例一休，也因為勞動檢查頻繁，罰錢罰到怕，老闆比較不敢公然要求責任制，突然之間多出不少非上班時間。除了用來休息或休閒，或許也可以記起內心角落裡那個蒙塵的小小夢想，拿出來，撣一撣，認真地正視它。

我有一個朋友做頂級佛像，一尊家裡禮拜用的佛像最少三四十萬元起跳，不論是品質或銷售量，不只是台灣第一名，在中國也是首屈一指，二〇一六年還從米蘭抱回一個金獎，絕對稱得上是台灣之光。而這個佛像事業，卻是從他做公務員的爸爸傳承下來的，也就是說是他爸爸在「下班後」一手打造起來。

當年他爸爸不想加入國民黨，仕途不佳，抑鬱不得志，還好熱愛藝術，下了班就在工作室裡作畫與雕刻，李遠哲的知名畫家父親李澤藩時常在他家出入。做著做著，經常有人來求佛像，慢慢變成兼職，退休之後則做成事業。

「我一開始並沒想到，一個下班後的興趣，最後可以做成一個大事業。」現年八十多歲的老人家呵呵笑著說。雖然行動緩慢，他仍然維持著舊時鄉紳的派頭，在領口打個蝴蝶結，戴上鴨舌帽，有如從老電影裡走出來的藝術家。

變成達人，實現夢想也賺到錢

其實，我周遭的年輕人也不遑多讓，下班後的生活比上班還豐富精彩，而且名堂之多、創意之新，每每都讓我驚喜萬分。

Kevin上班時是一名業務，下班後是沖繩旅遊達人，專做沖繩自由行的旅遊企劃，並在FB上經營粉絲團，規畫一次收費五千元，從吃住到租車全部包辦，不需要陪遊，一切都採取網路遙控。今年七月時，他告訴我，那個時間點就有五個自由行在沖繩當地趴趴走，算一算，當月進帳可能會有三萬元。

Catherine則是一名國中老師，先生在大學教書，兩人都熱愛旅遊，專攻歐洲鐵道之旅，不只出書，還在暑假帶團，帶著大家實地體驗。由於不以營利為目的，收費便宜，加上是深度之旅，去年有四十五人參加，今年爆增三倍，而明年的團早在三月報名額滿，熱門到還要分成前後兩團。

休假日多了，有大把時間，可以做的事很多，把自己變成不同領域的專家達人，完成夢想、奉獻自己，也賺到錢，一舉多得！你何不也這麼做呢？

【採取行動】面對一份薪水不夠生活的委屈，你可以這麼做——

上班族的決勝點，不在上班時間，而是下班後。當加薪越來越困難，有本事的人不是自覺委屈，而是採取行動，利用興趣，創造適合自己的工作，做出有特色的商品或服務，賺取第二份薪，也帶來生命的活水。

離職的理由
永遠是為了自己好

一般人都以為，只要是離開，都是無奈的決定，像是離職，一定有人受傷，一定是員工在權益上被剝奪、或薪資不合理、或是惡鬥下的犧牲者，充滿悲情。其實，你不必這麼委屈……

于美人離開主持十六年的招牌節目JET台的「新聞挖挖哇」，再度成為娛樂版頭條新聞人物。她在FB粉絲團表達不捨與感謝，並表示能理解與體諒這個最終的安排，任誰都聽得出這個弦外之音——離職並非她的本意。

後續的媒體追蹤報導，也直指于美人是被迫撤換主持一職，起因是她即將在TVBS晚間八點新開一個節目「國民大會」，而JET認為與「新聞挖挖哇」雷同性太高，都屬於新聞性談話節目，並且是同一位主持人，如果還放在舊時段的十一點會吃虧，於是也要提早至八點硬拚，結果就會演變成于美人打于美人，因此ＪＥＴ希望只留下鄭弘儀繼續主持，至於女性主持人則另覓人選。

利益當頭，是不講情份的

站在ＪＥＴ的經營立場，這麼做無可非議，媒體卻報導成于美人是被迫撤換，我個人認為這個說法有待討論。

對於于美人來說，最完美的結局當然是兩個節目同時握在手上，可是當情勢逼得不得不二擇一時，她選擇ＴＶＢＳ而不是ＪＥＴ，是理性考量戰勝十六年情義。換作任何精打細算的人，都會做出和于美人一樣的選擇，選擇強者，放棄弱者。ＪＥＴ因此必須重新面對節目的各項不確定性，包括主持易人、時段換檔等，嚴格說起來，它才是受害的一方。

所以離開十六年節目，是于美人在百分之百絕對理性的考量下做出的決定，她選擇西瓜偎大邊，以及名與利的極大值。

無論結局演變會如何，這都是一段過眼雲煙，睡一覺醒來就會忘掉的新聞，作為喜愛「新聞挖挖哇」或于美人的觀眾都只能樂觀地想，危機就是轉機，改變總是好的，不論哪一方都寄上深深的祝福。

不過，從這個別人家的離職事件，讓我們認識到職場上存在著一個永遠不變的殘酷事實，那就是再努力勤奮、再犧牲奉獻，或是再愛這家公司，願意為它流血流汗把命拿來拚，都有可能遇到被遺棄的一天。不論背後的理由有多無奈，像JET被迫要放掉于美人一樣，這件事就是會發生，作為上班族就是要有心理準備，不可掉以輕心，以免到時候措手不及，像于美人在前一週突然被告知要撤換一樣。

離職與否，是一場利益的計算

再者，從JET台與于美人的選擇結果，我們也要體悟到另一個職場真相，那就是離職絕對是自私自利，少有在講情份的。**不論個人或公司，在面對離職時，都是充滿心機，經過計算，想要得到利益極大值的結果**。至於情分，不過是事後好聽的說法，聽聽就算了，別當真放在心裡這麼相信。

我有一位朋友被挖角，對方開出多五十萬元的年薪，談了三個月之後，他卻選擇留在原公司。我們問他留下來的原因，他的回答是：

「老東家一直留我，我對公司有感情，也覺得還有未了的責任，所以決定留下來繼續打拚，幫公司完成目標。」

說得滿口仁義道德，就是沒有說老東家幫他加薪三十萬元，雖不滿意但仍可接受，因為新公司的未來充滿不確定，而且聽說老闆待人苛刻，也不知道新工作可以做多久。老東家少二十萬元但是領得久，新公司多二十萬元卻前途未卜，想了再想，算了再算，他決定選擇收入穩當、工作熟悉的老東家。

這些盤算，只藏在他的心裡頭，除了少數朋友不會有人知道，可是如果據此相信他嘴裡的官方說法就會被誤導，誤以為離職要有情分、要講究道德、要以公司需求為優先，卻忘了自己的人生目標，其實這是錯誤的離職觀念！

離職，就是要追求自己的利益極大化

離職時，每個人考量的重點項目不同，有人看重薪資，有人看重穩定，有人看重發展性，有人看重工作氣氛，有人看重合乎興趣，有人看重追求理想……這些都是自己渴盼從新工作中獲得的利益，在理性思考之後做出選擇、決定的結果，一定是百分之百絕對利己，也就是全然的自私自利。這種離職，是為了自己追求更滿意的工作品質，健康且值得鼓勵。

最令人憂心的離職，是因為別人的理由，而且在非理性的考量下做出選擇，並未給自己帶來利益上的極大值，比如討厭主管的行事作風、不滿公司的規章制度、與同事人際關係不合……因為種種別人的理由，被迫做出離職的決定，這種離職不健康也不值得鼓勵。

離職理由，對外可以有千百種說法，但是內心一定要篤定地知道，唯一的理由就是自己想要追求更好的工作，其他都是假的。

【採取行動】面對不得不離職的委屈，你可以這麼做——

離職是一件開心的事，不要自認是受害者，在離職當中受傷。有本事的人不是自覺委屈，而是採取行動，全盤考量，做出對自己最佳的決定，離開時充滿喜悅，快樂迎向下一個工作。

快樂生活
是終極的追求

對於怎麼過人生，新世代有自己的想法，不想退休之後才享受人生，而是要一邊工作一邊追求夢想，可是企業不這麼想，責怪他們過度自我、穩定性低，讓人有一種不被了解的沮喪。

其實，你不必這麼委屈……

離職，開始出現微妙的轉變，變得快樂和自我。

因為對薪資不滿、對主管不爽，所以要辭職；帶著怨恨離去，這種離職還是有；但是有越來越多年輕人，是因為要去做快樂的事，所以要辭職，他們是一路吹著口哨離開的。

因為工作無法正常作息、沒空和家人相處，所以要辭職，去找另一份準時上下班的工作，這種例子還是不少；但是有越來越多年輕人，是為了完成屬於自己個人的階段任務，和工作一點都無關，而選擇離職。

心委屈了，所以要離職

馬雲說，員工離職的理由林林總總，只有兩點最真實——錢，沒到位；心，委屈了。這些歸根結底就一條——幹得不爽。員工臨走還費盡心思找靠譜的理由，就是為了給老闆主管留面子，不想說穿你的管理有多爛、他對你已失望透頂。仔細想想，真是人性本善。

一般人之所以要離職，一定是哪裡不愉快，大企業還會為此安排離職懇談，了解離職原因，因此在網路上，經常看到一些專家達人教人怎麼說一些得體的理由。可是，它們都不如一些「最牛離職單」來得瘋傳，裡面盡是一些「離譜」的理由。這些離職單多數來自中國各省，內容讓人拍案叫絕。

回家減肥，找不到另一半……都是離職理由

重慶市一位廿四歲女性因為工作都是在打電腦，鮮少有機會站起來活動，加上公司福利好，都會準備零食與飲料給員工，進公司兩年胖十二公斤

（二十四斤），從五十八胖到七十公斤，她覺得再這樣下去不行，可是又不能要公司減少福利傷及無辜同事，於是決定離職回家減肥，等到瘦下來之後再找一個不用在電腦久坐的工作。在離職交接單上，離職理由寫道：

「來公司長胖二十四斤，決定回家減肥。」

廣東佛山是武術名家葉問起家的地方，有一家電機廠，裡面一位男性組長任職三年，因為近千名員工中，男性多達八百名，而女性只有一百名，一直無法物色到合適女性談戀愛結婚，對工作少了動機與激情，決定離職。在離職單上寫道：「廠小，女孩少，不好泡妞。」

主管看了之後在上頭批註：「是你沒本事泡妞，不要怨天尤人」，還給他一記回馬槍，傳為笑話。

不是只有男性才會抱怨職場沒有結婚對象，女性也同樣在意這件事。河南鄭州一名女老師在辭職信上寫下的理由為「世界那麼大，我想去看看」，在網路上引發網友熱議。後來，湖南株州雲龍示範區有一位女性從事旅遊業，就仿效女老師的筆法，在辭呈上寫道：「世界那麼大，我想去看看；雲龍那麼小，男友不好找。」

這樣的離職理由，不走冠冕堂皇路線，而是道出小員工心聲，甘冒大不諱，大剌剌地在辭呈或離職單上寫出來，霸氣到讓人有一種痛快的感受，這是它們在網路上瘋傳的原因。這些理由讓我們看到一個新的價值觀，**年輕人認為人生除了工作之外，還有其他重要的事要去做，為了它們大可離職**，對於理由也不必扭捏害羞說不出口。

離職，是因為我要去找快樂

事實上，在台灣職場，也有越來越多年輕人，在離職單上會勇敢寫出自己因為追求自我而離職的理由，剛開始有些企業會有一種受到驚嚇的感覺，從椅子上跳起來，逐漸就發現這是年輕人天真可愛的一面，而企業也要學會適應這個新世代的新離職觀。

「公司裡都是女生，我想換到一家男生多的公司，比較容易找到結婚對象。」擔任主管職的朋友就碰到屬下提出這樣的離職理由，一年後接到對方的喜帖，才知道這個理由是真的，不是在唬弄他。

「我想參加超鐵二二六公里，這是我的一個重要人生里程碑，必須要花時間練習，才能達到目標。」這是另一個朋友接到的離職說法，半年後在臉書看到前屬下跑到終點虛脫的照片。

人生大事如追正妹、談戀愛、外島結婚；個人興趣如超馬三鐵、單車環島、百嶽攻頂；或是遠赴法國學做道地的法式料理……太多太多快樂的事情，都值得拋下工作，為它們水裡火裡走一趟。

不可思議的離職理由一個一個冒出來，減肥、認識異性、照顧狗狗、看看世界、挑戰聖母峰……在過去，這些理由沒有一點正經，說了多害羞啊，不會有人提出來，而是在離職單上寫著「另有生涯規畫」；可是新一代不這麼想，他們認為這些事情比工作還重要，沒有必要避諱，直接寫在離職單上，明明白白告訴老闆主管：

「別想多了，就是為了這些你們認為的鳥理由要離職。」

「我沒有不滿也沒有不爽，就是為了這些讓我快樂的理由要離職。」

因為要去做快樂的事，所以要離職；因為要去完成自我，所以要離職；因為要讓人生均衡圓滿，所以要離職……離職這件事，可預期的是將變得更健康正面。

風氣一開，老闆主管要有心理準備，這個新世代拍拍屁股走人的理由將會朝向自我追求快樂去發展，千奇百怪，出乎意料之外。也許理由聽起來離譜，其實這樣的離職才是真正的靠譜，因為這才是均衡豐富的人生。

【採取行動】面對離職理由不被了解的委屈，你可以這麼做——

快樂生活是終極的追求，離職理由不是工作不開心，而是有更開心的事要去做。有本事的人不是自覺委屈，而是採取行動，讓企業接納，重視它們帶來的養分，進而為生涯加值。

為未來，顫抖也要走出去

只要是工作新鮮有趣，充滿挑戰，總是有新的學習機會，一定會不斷碰到第一次，可是沒有做過，就會擔心搞砸，不敢接下新任務，以致錯失寶貴的經驗。其實，你可以不必這麼委屈……

最近，公司要推出一個新功能，有兩位合適的同仁可以接手負責，勢均力敵，難以做決定。老闆便先諮詢有七年資歷的同事，哪裡知道這位同事露出害怕的神色，搖著雙手說：「我沒做過，我不會做。」

老闆不作聲，轉身問有兩年資歷的同事，得到的反應完全不一樣，「我沒做過，我願意一試，請問是不是會有人支援我？」

接著，老闆再轉回來對著第一位同事，面帶嚴肅的說：「誰沒有第一次？你以為你只是拒絕了這個第一次，其實你是拒絕了未來的加薪與升遷。」

女神也是人，緊張到全身起紅疹

這個場面，讓我想起八年前的一場演講。

我是主辦單位，她是主講人，兩人在後台碰面，她對著鏡子喬著假睫毛，一根一根地喬著，手有些顫抖，經紀人靜靜站在一旁不發一語。看著她喬了半天，我便從鏡子去看，想看看可以幫上什麼忙，可是每一根睫毛都到位，完全沒有問題，不懂還在喬什麼。這時候，經紀人看了我一眼，用一種「你懂得」的表情對我輕輕一笑。

這一場演講是在交通大學，台下坐的幾乎是男生。她才站上台，手機全部亮出來，對著女神猛拍，咔擦咔擦響個不停，十多分鐘後開始演講，第一句話是：「這是我的第一次演講……」

我回到第一排座位，離她只有兩公尺，眼見她從耳際、頸部到肩膀，小紅點一粒一粒冒出，散布開來，再蔓延到胸部紅成一大片，除了有化妝的部位之外，看得到的肌膚全部突起小紅點……

她，是隋棠！

那時候隋棠已在演藝圈奮戰六年，從模特兒起家，再到小螢幕，有了女神的封號，至於真正大紅是在兩年後演出「犀利人妻」謝安真一角。直到今天，拍廣告、拍電影、結婚生子，擁有廣大的粉絲群，我都快記不得當年隋棠緊張羞澀的一面。

第一次，不遜才有鬼！

事實上，那一系列校園演講，除了隋棠外，我們也邀請到其他當紅的明星藝人來講他們的奮鬥歷程，有幾位也都是生平第一次演講，包括清大場的蔡依林、成大場的方文山，兩人都緊張到不行。

難以想像吧，蔡依林吔！演唱會賣票秒殺，在舞台上又唱又跳，大玩音樂風格與視覺形象，卻對演講感到極端害怕。後來經過雙方討論的結果，改用採訪的方式，由一位她熟悉的記者在講台上和她一問一答，即使如此，現場仍然有一兩次接不上話。

到了成大，方文山在台上，我坐在他的左前側，看著他斗大的汗珠一顆一顆掉到地上成一片水灘，映著天花板的日光燈，還會反光呢！他可能沒有想到會冒大汗，隨身未帶手帕，我忙不迭地送上面紙，他竟然緊張到連面紙都不敢去碰一下。

誰沒有第一次？

誰的第一次不是遜呆了？

拒絕第一次，就是拒絕未來

第一次，總是令人緊張害怕。第一次一個人到國外出差、第一次打電話給客戶的總經理、第一次上台做簡報、第一次面對嚴重客訴、第一次爭取逾百萬元的大案子……太多太多的第一次，每一件事都是打從出娘胎就沒碰到過，而大家都睜大眼睛看著你是搞砸，還是搞出名堂，可以想見內心的恐懼與焦慮，這時候很多人都會乾脆雙手一伸，往外一推說：

「我沒做過，我不會做，所以我不要做！」

看似只是拒絕「第一次」，卻是拒絕了整個未來，拒絕第一次後面的「無限多次」機會。所有的第二次、第三次、第四次……都是從第一次開始，**不想為了「第一次」而緊張害怕，就等於選擇沒有未來的職涯，必須為將來「沒有**

其他更多次的機會」而緊張害怕。

從7-Eleven轉換跑道到全聯的徐重仁，幾乎是台灣連鎖超商超市的經營之神；即使如此，徐重仁仍然不諱言，剛掌7-Eleven時，每天都會碰上一些平生的第一次，也會沒有自信、緊張害怕。可是他告訴自己，這不過是沒有經驗，缺少練習罷了，唯一的辦法就是——

「不斷練習，直到焦慮解除。」

很神嗎？不過是熟能生巧罷了

你練習什麼，就會得到什麼。我看過一部短片，主講人說了一個故事，極具啟發性。

在鄉鎮的廣場裡，有一位神射手表演射箭，正中靶心，百發百中，圍觀群眾無不拍手叫好，唯獨有一人不以為然，還說：「這只是熟能生巧罷了！」

神射手氣極了，要對方也來試試看，可是此人沒有迎戰去射箭，反倒是搬出一個大油桶、一只細瓶子，接著掄起大油桶高高舉起，再將油倒入細瓶子裡，一滴油也沒溢出來，神射手看得下巴都要掉下來，雙手一拱說：「佩服！

佩服！」對方也回禮並謙遜的說：「我是一個賣油郎，只是熟能生巧罷了！」

是啊，凡事都有第一次，而大家都一樣遜！練習什麼就會得到什麼，各行各業的行家達人不過都是練習再練習，熟能生巧罷了！他們都是從第一次開始起步的，越過害怕恐懼的心情，不斷在內心對自己做信心喊話，告訴自己：

「如果我現在氣喘噓噓，是因為我在爬上坡。」

「如果我現在緊張害怕，是因為我正在進步。」

「如果我現在焦慮不安，是因為我還可以再練習。」

下次老闆再交給你新的差事，不怕！不怕！只要練習再練習，就可以蓋過缺點，解除不安。成功，只是熟能生巧；現在還未成功，也只是還不熟而已。

【採取行動】面對第一次的委屈，你可以這麼做——

誰的第一次不是遜呆了？誰不是在顫抖中跨出第一步？有本事的人不是自覺委屈，而是採取行動，勇敢接下新任務，多試幾次，自信與膽識就出來了，培養豐富的實戰經驗。

哪有工作不委屈，不工作你會更委屈／洪雪珍著 -- 初版 .-- 台北市：時報文化，2017. 12； 256 面； 14.8×21 公分（人生顧問；290）
ISBN 978-957-13-7229-7（平裝）
1. 職場成功法 2. 工作心理學

494.35 106021314

人生顧問 290
哪有工作不委屈，不工作你會更委屈

作者 洪雪珍｜**主編** 陳盈華｜**編輯** 林貞嫻｜**美術設計** 陳文德｜**執行企劃** 黃筱涵｜**董事長** 趙政岷｜**出版者** 時報文化出版企業股份有限公司 108019 台北市和平西路三段 240 號 4 樓 **發行專線**—(02)2306-6842 **讀者服務專線**—0800-231-705・(02)2304-7103 **讀者服務傳真**—(02)2304-6858 **郵撥**—19344724 時報文化出版公司 **信箱**—10899 臺北華江橋郵局第 99 信箱 **時報悅讀網**—http://www.readingtimes.com.tw｜**法律顧問** 理律法律事務所 陳長文律師、李念祖律師｜**印刷** 紘億印刷有限公司｜**初版一刷** 2017 年 12 月 15 日｜**初版十九刷** 2023 年 2 月 24 日｜**定價** 新台幣 320 元｜

時報文化出版公司成立於一九七五年，並於一九九九年股票上櫃公開發行，於二〇〇八年脫離中時集團非屬旺中，以「尊重智慧與創意的文化事業」為信念。